U0128899

RomaxDesigner 入门详解与实例

杜　静　魏　静　秦朝烨　编著

机械工业出版社

本书主要介绍如何使用 RomaxDesigner 软件进行基础的建模和分析。全书分为 6 章，包括软件安装、工作环境介绍、部件建模与基础分析实例。应用领域包括航天航空、汽车、铁道机车车辆和城市轨道交通车辆、工程机械和建筑机械、船舶和风力发电机等行业，涉及齿轮传动、轴承应用分析和旋转机械传动系统的应用场合。通过阅读本书和学习本书的内容，读者必将对机械传动系统，特别是齿轮传动和轴承的设计、分析与研究有一个全新的认识，从而对相关领域的知识和技术的应用达到更深层次的了解和掌握。

本书可作为高等院校理工科相关专业的高年级本科生、研究生和教师学习使用 RomaxDesigner 软件的入门教材，也可作为科学研究及工程技术人员的参考资料。

图书在版编目（CIP）数据

Romax Designer 入门详解与实例/杜静，魏静，秦朝烨编著 . —北京：机械工业出版社，2012.6

ISBN 978-7-111-39106-7

Ⅰ.①R… Ⅱ.①杜… ②魏… ③秦… Ⅲ.①齿轮传动—系统设计—计算机辅助设计—应用软件 Ⅳ.①TH132.41-39

中国版本图书馆 CIP 数据核字（2012）第 152604 号

机械工业出版社（北京市百万庄大街 22 号 邮政编码 100037）

策划编辑：黄丽梅 责任编辑：黄丽梅

版式设计：霍永明 责任校对：张 征

责任印制：张 楠

北京四季青印刷厂印刷

2012 年 9 月第 1 版第 1 次印刷

184mm×260mm·18.25 印张·448 千字

0001—4000 册

标准书号：ISBN 978-7-111-39106-7

定价：42.00 元

前　　言

英国 Romax 科技有限公司（简称 Romax 公司）是世界著名的传动系统工程专家，在传动系统和变速器设计领域有 20 多年世界领先的工程经验。Romax 公司可以为客户提供包括齿轮箱、机械传动系统和轴承乃至完整系列的工程技术咨询、设计服务和领先的软件工具 RomaxDesigner。Romax 公司与众多业界领先的著名公司广泛合作，领域包括汽车、航空航天、风能、工程机械以及铁路工业等。

RomaxDesigner 能为变速器和传动系统的设计和优化提供世界上最完整的虚拟产品开发环境，其综合方法大大加速了设计开发的进程，节约了产品投入市场的成本和时间。使用 RomaxDesigner 可以很方便地实现以下目标：

1. 提高设计的耐久性和可靠性

RomaxDesigner 为变速器和传动系统的耐久性分析提供了全面的仿真环境。在过去的几年间，传动系统开发时间的稳步减少使得样机测试的时间也不断缩短；而利用高效的软件包进行虚拟样机测试，作为对前一种方法的替代，也得到了迅速的发展。RomaxDesigner 就变速器的系统运行情况提供了独特的视角，其提供的计算方法使得用户在设计初期就可以准确地分析出变速器系统内各部件的寿命和性能。这种方法考虑到各部件材料的柔性和部件间相互耦合的影响等因素，其高度的准确性使得设计开发人员的第一个样机就满足设计要求的愿望成为可能。

2. 缩短设计周期和减少设计修改次数

由于考虑了传动系统中各方面的影响因素，RoamxDesigner 可以大大地减少设计循环次数和缩短设计周期。概念设计阶段的系统就可以囊括系统中所有相互影响的柔性部件。完整的全系统模型，可以让用户同时仔细查看和分析整个系统或单一的零部件。在设计过程中，即使是变速器中最微小的改变所产生的影响也即时可见。这意味着在某一特定时间内，可供研究的方案和参数的数量得到了显著增加。

3. 基于特定方案的健壮性设计

无论是在比较几个不同的设计方案，还是在评估一个全面详细的模型，在设计过程中的每个阶段，用户都可以获得耐久度的信息。这使得用户在对设计进行修改的同时可以很快地知道修改所带来的影响。从无需全部细节的概念性阶段开始，用户可以逐步增加细节程度以便得到一个符合健壮性要求的设计。自动运算功能可以为用户的设计目标找到最佳的参数组合，包括核对制造误差。

本书从工程实际出发，同时兼顾相关的知识背景，深入浅出地介绍了以下内容：

1）软件安装、使用的介绍。

2）软件的基础。

3）部件的建模介绍。

4）汽车齿轮箱实例。

5）风电齿轮箱实例。

由于编者水平有限，时间仓促，书中难免有不足之处，恳请读者及各位专家批评指正。

编　者

目　录

第1章 软件安装

1.1 RomaxDesigner 12.7.0 安装文件

Romax Software 安装光盘中包含如图 1-1 所示的安装文件。(请注意，光盘包含的内容可能会与图 1-1 所示有所不同，取决于用户使用的软件版本)。

所有的软件安装程序都包含在安装光盘中，但值得注意的是：

1) 用户若为单机版的用户，只需要安装 RomaxDesigner 软件程序，其中软件的加密狗安装会在软件安装过程自动完成。软件安装完成后，在安装有单机版 RomaxDesigner 的计算机上插入由 Romax 提供的加密狗，指定许可文件即能正常打开软件。

```
☐ 🦋 RxD        (Y:)
  ⊞ 🗀 Data
  ⊞ 🗀 Docs
  ⊞ 🗀 Extras
     🗀 Install
  ⊞ 🗀 Support
  ⊞ 🗀 Training

图  1-1
```

2) 用户若为网络版的用户，即需要在各个客户端安装 RomaxDesigner 软件程序，但只需要在作为服务器的计算机上安装 Romax Safenet 许可证服务器。当软件安装完成后需要将加密狗插入作为服务器的计算机，并调用存放在服务器上的许可文件，各客户端通过网络获取的方式从服务器上获取许可从而正常使用软件。

1.2 RomaxDesigner 12.7.0 软件安装

软件安装步骤如下：

1) 关闭用户所有的应用程序，并注销您的本地账户。

2) 以计算机管理员的身份登录账户。

3) 将 Romax 软件光盘插入光驱。

如果用户电脑设置了光盘自动播放功能，则软件安装向导自动启动。

如果电脑未设置光盘自动播放功能，则打开安装光盘，双击【Install】(安装) 文件夹下的 🦋 RomaxDesigner 图标启动软件安装向导。

1.2.1 RomaxDesigner 软件安装或升级

1) 进入安装界面，点击对应的按钮。

2) 如果计算机中已经安装了 RomaxDesigner 其他版本，将会遇到如图 1-2 所示提示问题。

3) 选择【Yes】选项，将会保留计算机中旧的软件版本，另外安装一个软件版本。

4) 选择【No】选项，将会删除计算机中旧的软件版本，并安装当前软件版本。

5) 选择【Cancel】选项，将会退出安装。

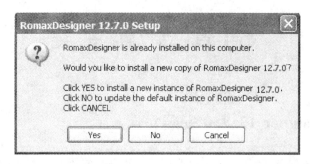

图　1-2

1.2.2　安装先决条件

安装 Romax 软件前，需要预先安装以下程序：

1) Microsoft Windows Installer 3.1。

2) Microsoft XML。

3) Microsoft Visual C++ Runtime 8.0 SP1。

如果选择对以前安装的 RomaxDesigner 进行升级，那么旧版本会在本阶段被卸载。

1) 选择需要安装的版本，点击图 1-3 中的 Next > 继续。

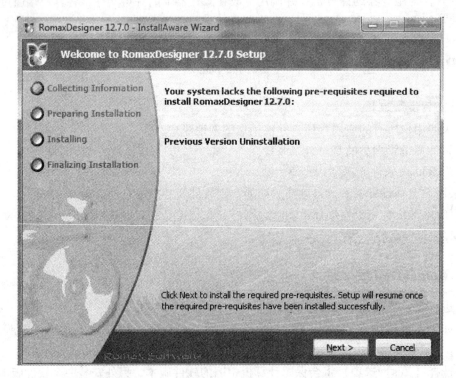

图　1-3

2）软件会自动安装随光盘自带的预安装程序。这些预安装程序安装完成后进入图 1-4 所示的 RomaxDesigner 12.7.0 安装界面。

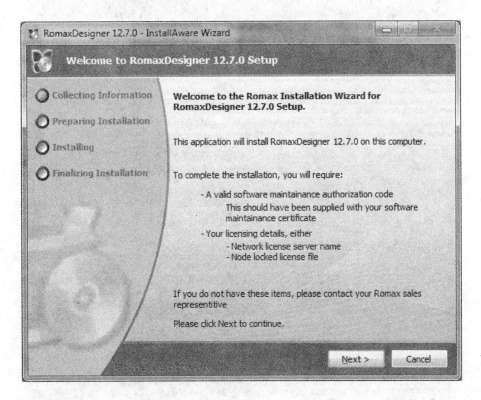

图 1-4

3）点击图 1-4 中的 Next > 按钮，开始进行安装。

1.2.3 许可协议

许可协议是用户与 Romax 公司之间的合法约定，如图 1-5 所示。在用户获得软件前，由用户与 Romax 公司签署。

在用户与 Romax 公司签署该协议前，不能进行该软件的安装。

1.2.4 软件注册

在这一步，用户需要输入软件的安装序列号，如图 1-6 所示。序列号的格式如下：

xxxxxx-xxxxxx-xxxxxx-xxxxxx-xxxxxxxx

用户可以在软件维护协议和安装常见问题集中获得该序列号。如果没有正确的序列号，软件安装注册则无法通过。

1.2.5 许可证文件指定

许可证文件的指定如图 1-7 所示。

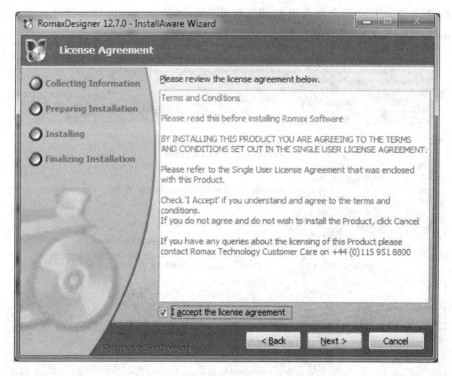

图　1-5

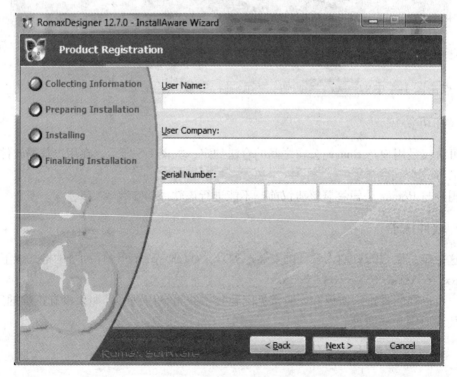

图　1-6

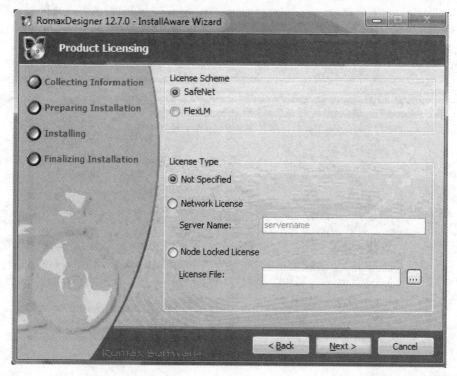

图 1-7

1. 许可证系统（License System）

RomaxDesigner R12.7 支持 SafeNet Sentinel licensing systems（网络安全许可证系统），可咨询相关销售代表确认使用的是哪种许可证系统，并选择相应的类型。

2. 节点锁定许可证（Node Locked License）

如果使用的是节点锁定许可证，可选择【Node Locked License】（节点锁定许可证）并使用 按钮指定许可证在计算机中的存放位置。

如果尚未收到许可证文件，可选择【Not Specified】（未指定）。在第一次启动 RomaxDesigner 软件程序时，必须对许可证进行指定才可以正常使用软件。

3. 网络许可证（Network License）

如果使用的是网络许可证，可选择【Network License】（网络许可证）并指定许可证服务器的服务器名。

如果并不确定许可证是哪种类型，或者希望暂时不指定许可证，则选择【Not Specified】（未指定），如图 1-7 所示。

1.2.6 选择安装类型

接下来，需要选择软件安装类型，如图 1-8 所示。

选择需要的安装类型后，点击 Next > 按钮继续。

1. 完整安装（推荐）（Complete）

完整安装是指包括所有支持文件在内的全部内容都进行安装。如果硬盘空间有限，可以

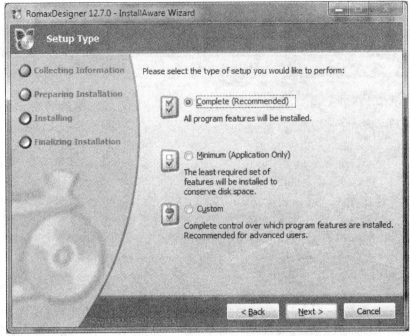

图　1-8

选择其他两种安装类型。

2. 最小化安装（Minimum Install）

最小化安装只安装程序文件，并不包括支持文件（如 Romax 软件帮助文档等）。

3. 自定义安装（Custom Install）

自定义安装允许用户自主选择安装内容，如图 1-9 所示。

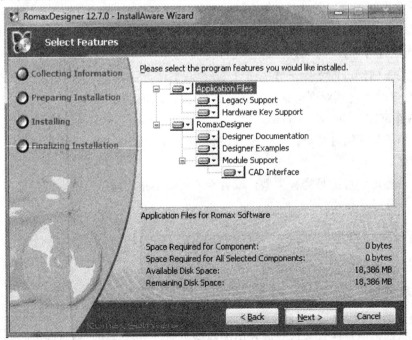

图　1-9

选择需要安装的文件，点击 Next > 按钮继续。

如果有需要，可以稍后运用安装程序对需要但本次未安装的其他文件进行安装，甚至可以更改为最小化安装或是完整安装。

1.2.7　选择安装路径

如图 1-10 所示，安装路径默认为：

C：\ProgramFiles\RomaxSoftware\RomaxDesigner 12.7.0

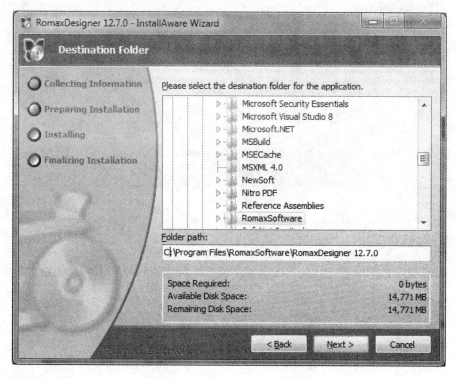

图　1-10

用户也可以根据需要重新指定安装路径，但为了有助于跟踪所安装的软件版本，建议使用包括 Romax 软件名称及相应版本名称的安装目录。

确定好安装路径后，点击 Next > 按钮进入下一步。

1.2.8　在开始菜单中添加软件

在 Windows 系统里添加 Romax 软件，如图 1-11 所示。

1）在系统开始菜单里添加软件的快捷方式。

2）选择添加快捷方式，会在 Windows 开始菜单中程序子菜单下添加 Romax 软件。同时，RomaxDesigner 12.7.0 快捷方式也会以蝴蝶图标形式出现在计算机桌面上。

3）点击 Next > 按钮进入下一步。

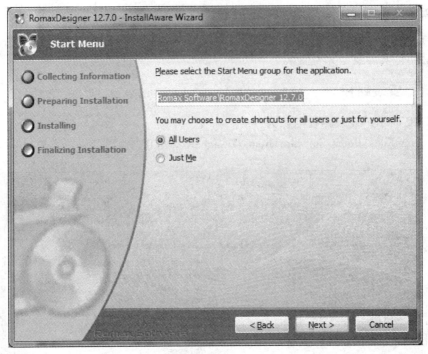

图　1-11

1.2.9　软件程序安装

经过前面的一系列设置，软件程序安装准备已完成，可以进行安装，如图 1-12 所示。

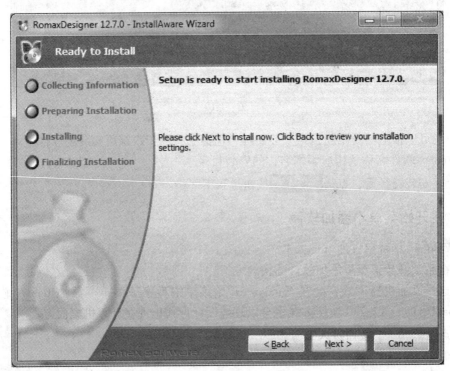

图　1-12

点击 Next > 按钮进入下一步，如图 1-13 所示。

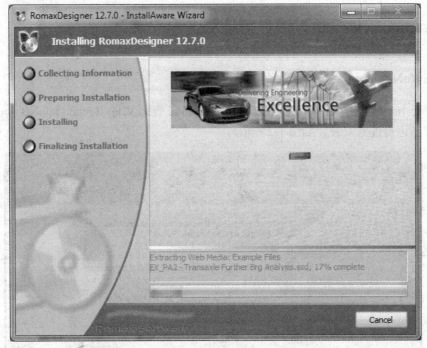

图 1-13

1.2.10 软件安装成功

如果软件成功地安装进计算机，会出现如图 1-14 所示的窗口。

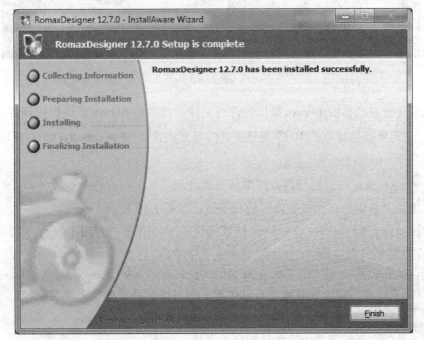

图 1-14

点击 Finish 结束安装，如果有需要，此时会有选项提示需要重启计算机。

1.3 Romax 软件 SafeNet 许可证服务器安装

1.3.1 SafeNet 许可证服务器程序安装

1）打开 Romax 安装用源程序存放目录，找到安装源文件 Romax SafeNet License Server. exe，双击运行进入安装，如图 1-15 所示。

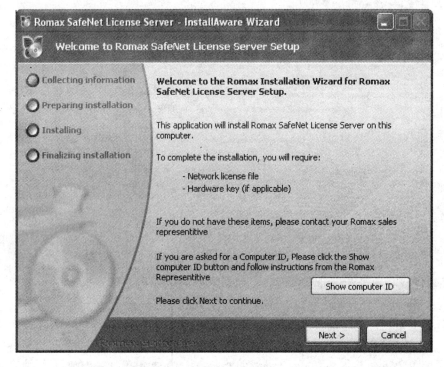

图 1-15

2）如果还没有获得由 Romax 提供的许可文件，可联系 Romax 或销售代理商。若要生成许可证，用户需要提供计算机 ID 序列号，此时需要点击 Show computer ID 获取计算机 ID 序列号。

点击 Next > 按钮，根据屏幕介绍继续安装。

3）在继续之前用户必须接受许可协议条款，如图 1-16 所示。

选择【I accept the license agreement】（我接受证书协议），并点击 Next > 按钮继续。进入如图 1-17 所示的安装步骤。

4）默认的安装路径为：C:\Program Files\RomaxSoftware\Romax SafeNet License Server，如果这个目录不存在，则由安装程序自动创建，也可以另外设置一个安装路径。

点击 Next > 按钮继续。

5）输入希望在开始菜单中添加该程序的名称，如图 1-18 所示。

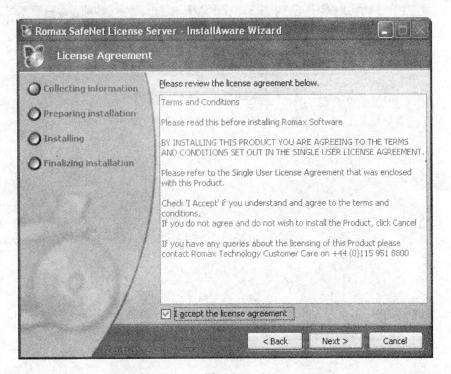

图 1-16

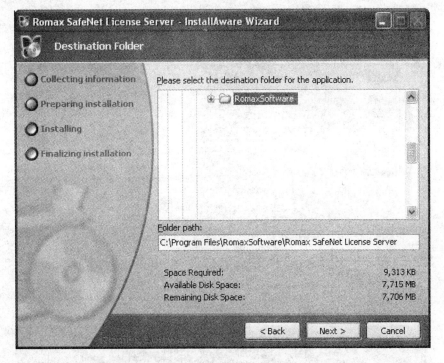

图 1-17

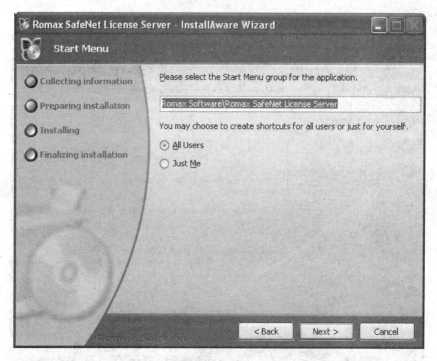

图　1-18

点击 Next > 按钮继续，进入许可证选项框。

6）许可证选项的确定，如图 1-19 所示。

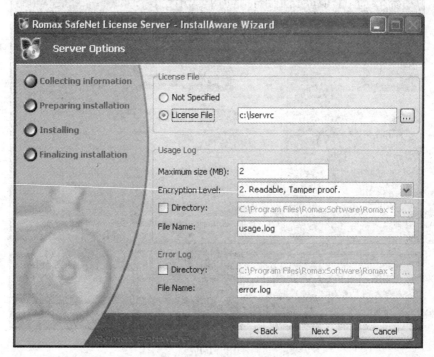

图　1-19

① 关于【License file】(许可证文件) 选项。如果已经获得许可证并存入计算机,可点击…按钮进行指定,如果还未获得许可证,则选择【Not Specified】(未指定)。

② 关于【Usage Log】(使用日志) 选项。

a)Maximum size(最大空间)(MB)。这个设定值确定了该使用日志的最大容量。一旦所存的信息量达到最大值,当前的日志会自动备份为一个新名字,而当前文档会被清空。

b)Encryption Level(保密级别)。这个选项指定了该文件的密级。有以下四个选项可选:【No Encryption】(不加密选项)、【Readable,tamper proof】(只读,防篡改选项)、【Encrypt useage only】(仅加密使用记录)、【Encrypt entire record】(加密所有记录)。

c)File Name and Directory(文件名与目录)。这个选项指定了该使用日志存储目录及名称。

③ 关于【Error Log】(错误日志) 选项。

File Name and Directory(文件名和目录) 选项指定了错误日志存储目录及名称。

7)点击 Next > 按钮继续,进入如图 1-20 所示的准备安装步骤。

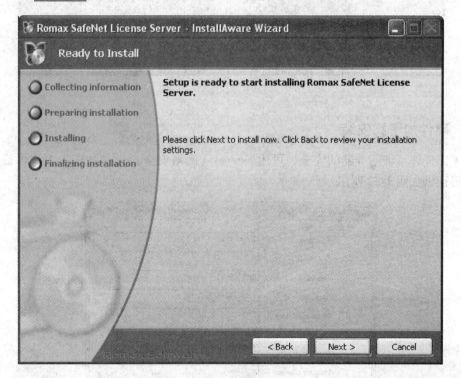

图 1-20

点击 Next > 按钮进行程序的实际安装。

8)一旦程序安装完毕,屏幕显示安装完成,如图 1-21 所示。

安装过程中提示需要重启计算机,若不想立即重启,可以选择取消重启计算机。

点击 Finish 按钮完成程序安装。

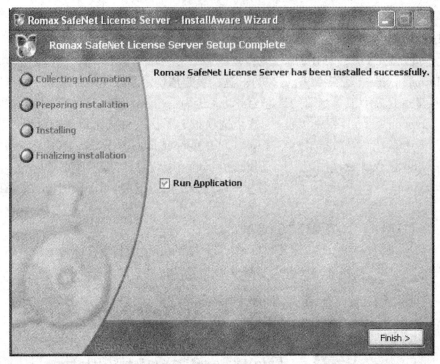

图　1-21

1.3.2　硬件加密狗安装

为了保证许可证服务器的安全，可用 Safenet（网络安全）硬件加密狗为许可证服务器锁定许可证，如图 1-22 所示。

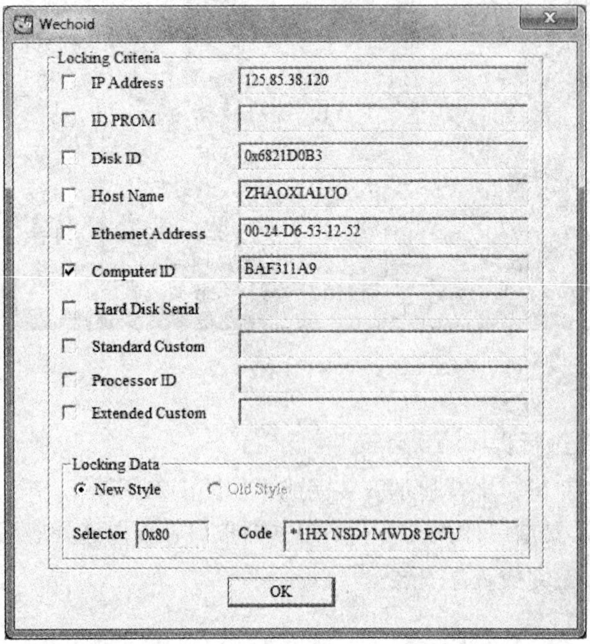

图　1-22

硬件加密狗必须插在作为服务器的计算机的 USB 接口。

通过启动开始菜单中 Romax 软件计算机 ID 程序来检查硬件加密狗的使用情况。

1.3.3　许可证服务器管理

●从开始菜单栏中启动【Romax License Server】（Romax 许可证服务器）程序，在图 1-23 中的【Subnet Servers】（子网服务器）选项中选取安装服务器的计算机。

●右键依次单击【Add Feature】（增加特征）→【From a File】（从文件）→【To Server and its File】（服务器与文件）。

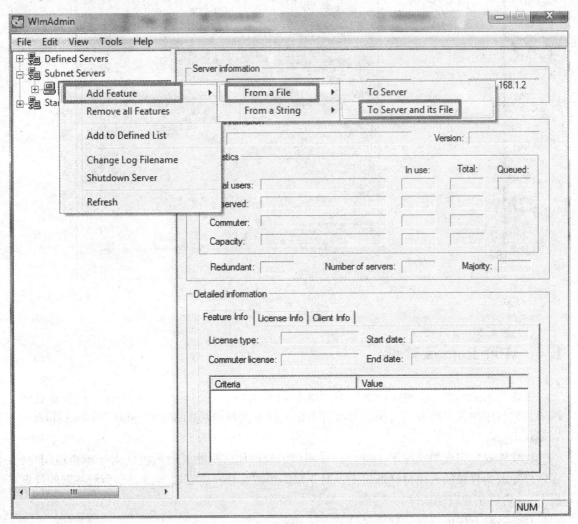

图　1-23

●选择由 Romax 公司提供的许可证文件，确保所有的模块都被加载完成。

加载完成后，所有可用的模块都应该在图 1-24 所示的这个列表里。

点击任何许可特征选项会在编辑框里显示出许可信息和当前模块的使用情况，例如谁正在使用该特征。

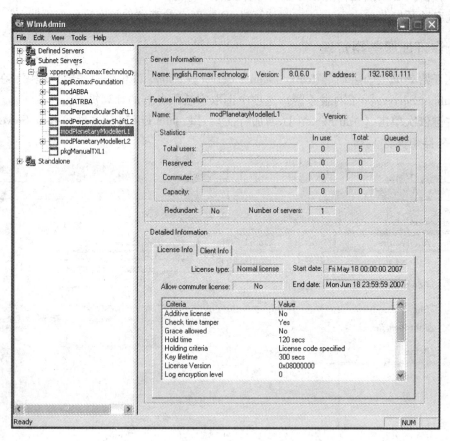

图　1-24

1.4　许可 Romax 软件

考虑到安全问题，Romax 不会将许可文件附在安装文件中，许可文件由 Romax 通过邮件或其他与用户议定的方式交付。可将许可证文件安装在合适的位置，如 D:\Romax\license\romax. lic。

在软件安装完成的情况下，将 Romax 提供的软件加密狗插入计算机（对于单机版用户，将软件加密狗直接插入用户计算机上；对于网络版的客户，将加密狗插入作为服务器的计算机上），然后正常启动软件。

有很多种方法可以启动软件，具体方法如下：

1）双击桌面　　　　图标。

2）如果安装过程中已将程序添加至 Windows 启动项，则可以在所有程序中找到 Romax-Designer 12. 7. 0. 11，如图 1-25 所示。

图　1-25

3）从安装目录下双击程序图标 winrxd ，直接打开软件程序。

未指定 Romax 许可路径时，软件无法获取许可，会出现如图 1-26 所示的提示框。

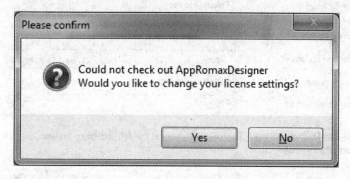

图　1-26

4）点击 Yes 按钮打开许可选择对话框。注意，如果此时点击 No 会直接关闭 RomaxDesigner。

1.4.1　许可单机版 Romax 软件

在 License file name（许可证文件名）的编辑框中可以直接输入许可证文件路径，或者点击图 1-27 右边的 ... 按钮进入计算机指定许可文件存放路径。

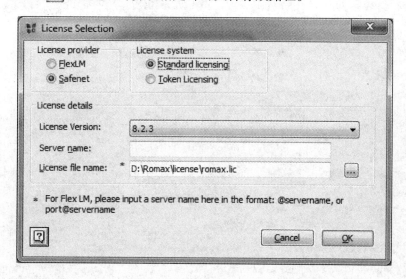

图　1-27

最后点击 ＯＫ 按钮就可以打开 RomaxDesigner 12. 7. 0 软件。

1. 4. 2　许可网络版 Romax 软件

作为网络版许可系统的客户端，打开软件通过输入存放许可证服务器的计算机名来获取许可，如图 1-28 所示。

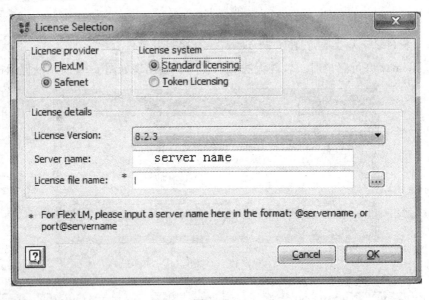

图　1-28

最后点击 ＯＫ 按钮就可以打开 RomaxDesigner 12. 7. 0 软件。

第 2 章　工作环境介绍

2.1　RomaxDesigner 12.7.0 软件概述

本章概述了 RomaxDesigner 软件（见图 2-1）的基本功能，并介绍了如何访问软件。RomaxDesigner 在许多方面具有优势。例如，可在虚拟界面查看设计；相比传统的工具，RomaxDesigner 能在更短的时间内对模型进行分析和优化。

图　2-1

RomaxDesigner 软件能提供集设计、分析和制造于一体的传动系统"一体化模型"。RomaxDesigner 由一系列无缝集成的模块组成，这些模块可调用同一个数据库。

2.1.1　概念设计和分析

利用软件的基础模块可以对已存或新的传动设计进行概念性设计和分析，而这个过程只需要很短的时间。

RomaxDesigner 首先用于传动系统布局：所有部件的几何形状（轴、轴承、齿轮等，见图 2-2），各个部件之间的装配关系，齿轮箱内部几何尺寸及一系列工况定义。对于一个传动系统的建模，时间一般不会超过一天。

基础设计完成后，可以检查传动系统的整体性能及设计的可行性。该模型也可以用于分析轴、轴承和齿轮的性能和寿命，而这个过程只需要不到一分钟。最后，分析结果也可以用来进行一些基本的优化设计。

图　2-2

2.1.2　详细设计和分析

在完成基础的设计分析和优化后，Romax 也有一系列高级模块，用于对一个已存或新建的传动系统中单个部件进行深入的详细设计及对整个传动系统性能进行测试研究。

详细的深入分析包括：箱体刚度对系统变形的影响，装配在滚针轴承（见图 2-3）上同步齿轮的啮合错位量，轴的疲劳分析和应力集中影响，齿轮微观修形和传递误差

图　2-3

计算，轴承的高级分析等。

2.2　RomaxDesigner 12.7.0 用户界面简介

2.2.1　主窗口

　　主窗口是最高级别的窗口，是为其他窗口、工作表和对话框服务的工作区。第一次打开
RomaxDesigner 时，出现的窗口即为主窗口。在打开设计文件之前，主窗口为如图 2-4 所示
的空工作区。

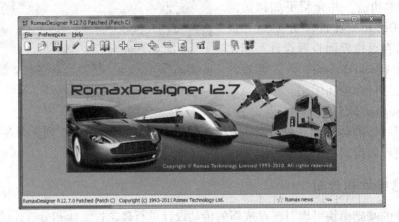

图　2-4

　　在如图 2-5 所示的实例中，主窗口包括设计窗口、齿轮箱工作表、轴装配件工作表及部

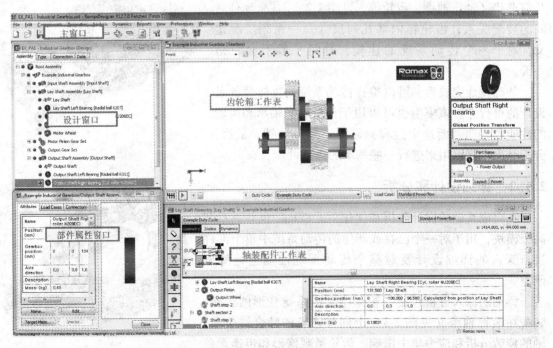

图　2-5

件属性窗口。

2.2.2 设计窗口

当 RomaxDesigner 的一个模型文件在工作区打开时，设计窗口会出现如图 2-6 所示的最高级的设计信息。只要设计文件不关闭，这些信息会一直在工作区存在。因此，关闭设计窗口也就关闭了当前的设计模型。

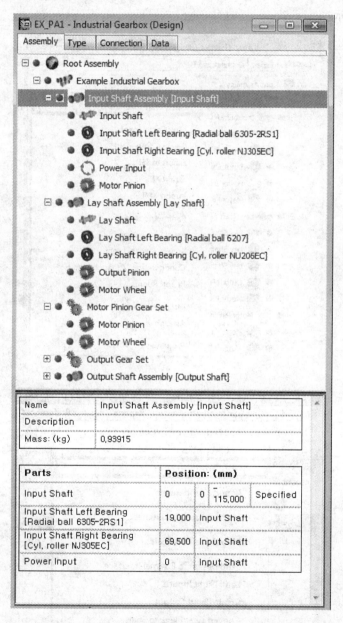

图 2-6

在设计窗口中共有四个菜单标题，即：【Assembly】装配件、【Type】类型、【Connection】连接和【Data】数据。通过这些菜单标题可用不同方式查看设计。

2.2.3　齿轮箱工作表

每一个齿轮箱装配件在 Romax 中都有一个齿轮箱工作表，在这个工作表中可以检查齿轮箱的各种细节问题。

齿轮箱工作表可以通过以下方式打开：

1）在设计窗口的下拉菜单列表中双击齿轮箱装配件的名称，就可以打开齿轮箱工作表，如图 2-7a 所示。

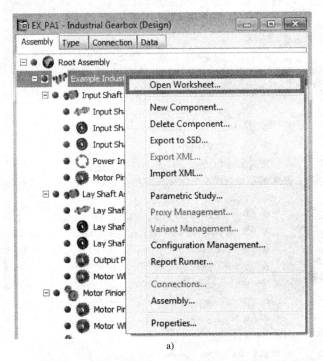

a)

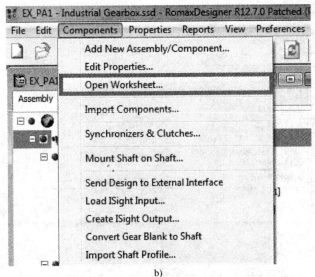

b)

图　2-7

2）将鼠标移动到设计窗口下拉菜单的齿轮箱装配件名称上，单击右键，从弹出的快捷菜单栏中选择【Open Worksheet...】（打开工作表）命令，如图 2-7a 所示；或者从主窗口的菜单栏【Component】（部件）的下拉菜单中选择【Open Worksheet】（打开工作表）命令，打开齿轮箱工作表，如图 2-7b 所示。

打开后的齿轮箱工作表如图 2-8 所示。

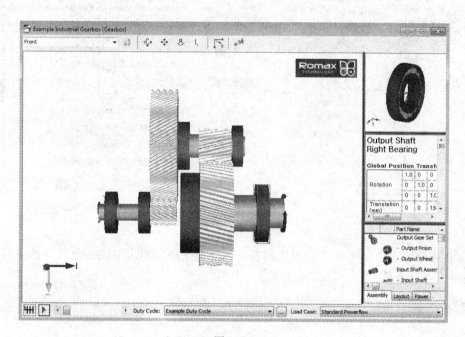

图　2-8

整个齿轮箱装配件的三维模型显示在窗口左边的主要区域，因此齿轮箱的结构一目了然。在工作表窗口的右下方，有一个部件列表，包含齿轮箱装配件的所有零部件。在这个部件列表中，某个部件高亮显示时，则选中的该部件会独立地以三维形式显示在右上方，并且其详细细节也会列在该工作表窗口右边的中间部位。

在工作表窗口右边最下方，用户可以通过选择【Assembly】（装配件）、【Layout】（布局）或【Power】（功率）来控制部件列表及细节报告中显示的信息。

2.2.4　装配件工作表

每个装配件都有一个工作表，在这个工作表中可以检查该装配件的所有细节。

装配件工作表可以通过以下方式打开：

1）在设计窗口下拉菜单中选择该装配件的名称，双击打开该装配件工作表，如图 2-9a 所示。

2）在设计窗口结构清单中，将鼠标移动到该装配件名称上，单击右键，从弹出的快捷菜单栏中选择【Open Worksheet...】（打开工作表）命令，如图 2-9a 所示；或者从主窗口的菜单栏【Component】（部件）的下拉菜单中选择【Open Worksheet】（打开工作表）命令，打开该装配件工作表，如图 2-9b 所示。

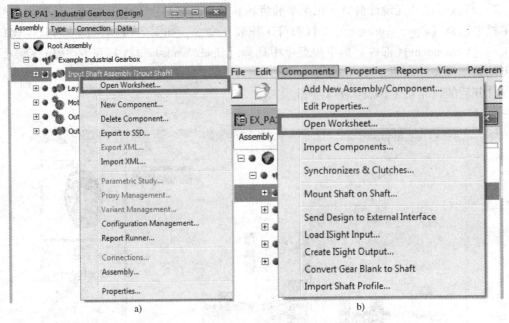

图　2-9

3）在齿轮箱工作表（见图 2-10）的右下方，选中部件列表中该装配件，选中后的部件呈高亮，再双击打开。

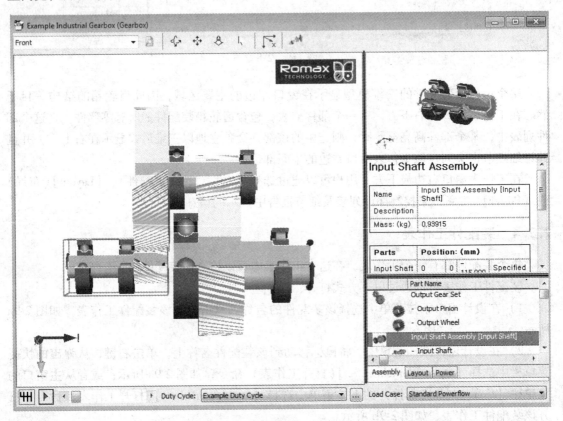

图　2-10

　　打开后的装配件（轴装配件、概念齿轮副、详细齿轮副）工作表分别如图 2-11 ~ 图 2-13所示。

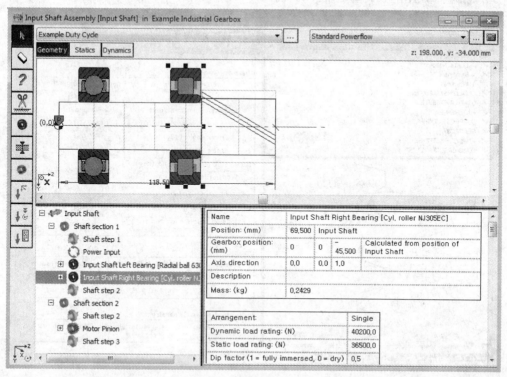

图　2-11

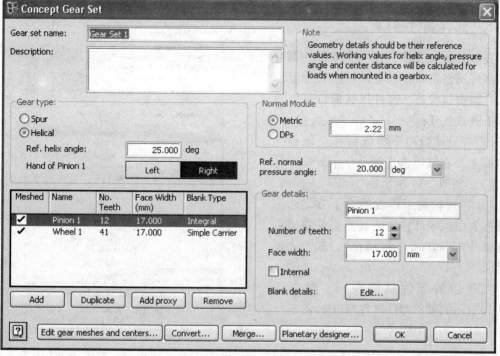

图　2-12

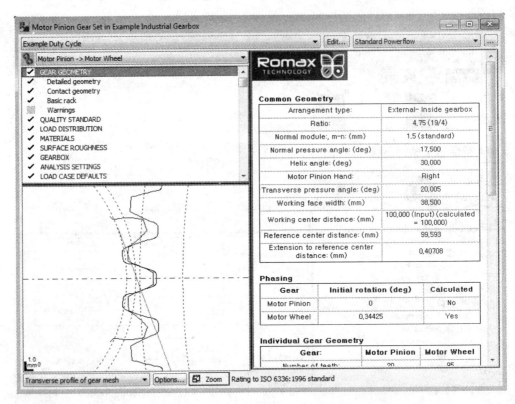

图　2-13

2.2.5　部件属性窗口

在 Romax 文件中，每一个零部件都有一个部件属性窗口，该零部件所有细节都可以在该窗口检查。部件属性窗口可以通过以下方式打开：

1）在设计窗口下将鼠标移至该部件的名称上，右键单击选择【Properties...】（属性），如图 2-14 所示。

2）在齿轮箱工作表的右下方，选中部件列表中该零部件，使其高亮并右键单击选择【Properties...】（属性），如图 2-15所示。

打开后的部件属性窗口，类似于图 2-16所示的轴承部件属性窗口。

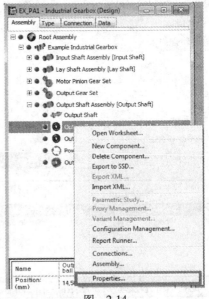

图　2-14

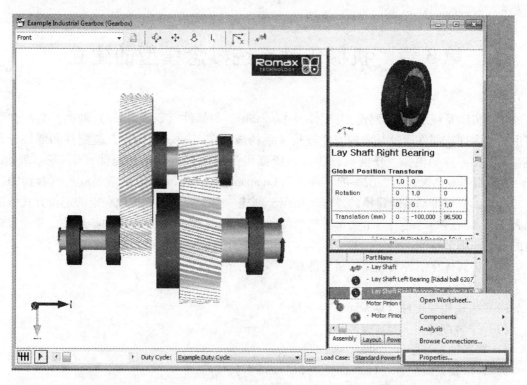

图　2-15

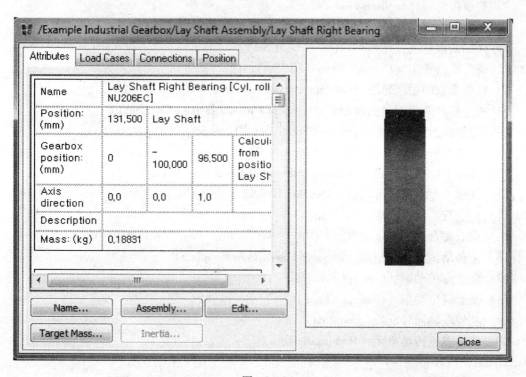

图　2-16

第3章 机械传动系统概念模型的建立

机械传动系统中的模型分为装配件 (Assembly) 和部件 (Component) 两类。装配件可以由子装配件或部件通过一定的安装连接关系构成。在 Romax 软件中，装配件和部件分别包含了各类零件的模型。任何机械传动系统都可视为一个齿轮箱装配件 (Gearbox Assembly)，相当于一个大容器，所有的零部件 (Components or Parts) 都是需要放入该容器的物品，因此，机械传动系统建模的过程，相当于创建一个大容器，并按照一定的定位方式依次向其中装入所需的物品。一个大型的机械传动系统，往往需要创建许多的零部件，并设置众多的参数和细节特征。

本章将具体介绍各类主要的装配件和零部件的建模过程。

1. 装配件

(1) 齿轮箱装配件 (Gearbox Assembly)

(2) 子装配件

1) 普通轴系装配件 (Shaft Assembly)。

2) 行星轴系装配件 (Planetary Shaft Assembly)。

3) (有限元) 刚度装配件 (Stiffness Component Assembly)。

4) 载荷齿轮副 (Loading Gear Pair)。

5) 概念斜齿轮副 (Concept Helical Gear Set)。

6) 详细斜齿轮副 (Detailed Helical Gear Set)。

7) 概念锥齿轮副 (Concept Bevel Gear Set)。

8) 概念准双曲面齿轮副 (Concept Hypoid Gear Set)。

9) 概念格林森准双曲面齿轮副 (Concept Gleason Hypoid Gear Set)。

10) 详细弧齿锥齿轮副 (Detailed Spiral Bevel Gear Set)。

11) 详细直齿锥齿轮副 (Detailed Straight Bevel Gear Set)。

12) 详细差动锥齿轮副 (Detailed Differential Bevel Gear Set)。

13) 详细准双曲面锥齿轮副 (Detailed Hypoid Gear Set)。

14) 概念行星轮系 (Concept Planetary)。

15) 概念离合器 (Concept Clutch)。

16) 定传动比概念联轴器 (Concept Fixed Ratio Coupling)。

17) 概念带传动副 (Concept Belt Drive)。

18) 概念链传动副 (Concept Chain Drive)。

19) 花键联轴器 (Spline Coupling)。

20) 流体静压传动单元 (Hydrostatic Unit)。

2. 部件 (Component)

1) 滚动轴承 (Rolling Bearing)。

2) 刚度轴承 (Stiffness Bearing)。

3）刚性连接（Rigid Connection）。

4）关联工况的刚性连接（Load Case Dependent Rigid Connection）。

5）滑动轴承（Journal Bearing）。

6）间隙轴承（Clearance Bearing）。

7）点载荷（Point Load Moment）。

8）功率载荷（Power Load）。

9）飞轮功率载荷（Wheel Power Load）。

10）齿轮载荷（Gear Load）。

11）带传动载荷（Belt Load）。

12）动态转子（Dynamic Rotor Disc）。

13）非平衡电磁力（Unbalanced Magnetic Pull）。

14）齿轮箱箱体（Gearbox Housing）。

15）大地（Ground）。

16）行星架（Planetary Shaft Carrier）。

17）标记节点（Marker Node）。

3.1　齿轮箱的建模

1）选择主窗口中【File】→【New】命令或者单击工具栏中 图标新建一个设计文件。

2）在弹出的设计文件对话框中输入"设计名称（Design name）"，填写"设计描述（Design description）"，选择"润滑剂（Lubricant）"，具体如图 3-1 所示。

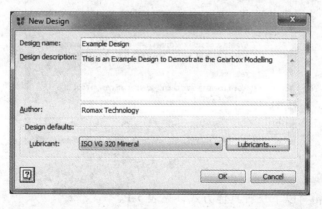

图　3-1

单击【OK】，进入新建的设计文件。

3）在设计窗口【Assembly】（装配件）的下拉菜单中选中【Root Assembly】（装配根目录）。

4）单击右键，弹出快捷菜单，选择【New Component...】（新部件）。

在弹出的新建零件对话框（见图 3-2）的【Assembly】（装配件）中选择【Gearbox Assembly】（齿轮箱装配件）并单击【OK】按钮。弹出创建齿轮箱的对话框，如图 3-3 所示。

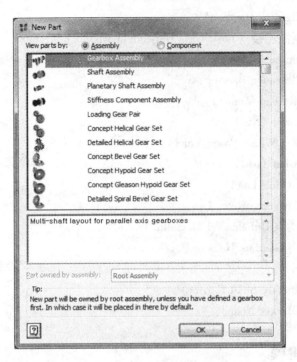

图　3-2

图　3-3

用户创建齿轮箱有以下三种具体方式，见表 3-1。

表 3-1　创建齿轮箱方式

方　　式	说　　明
Empty（创建空齿轮箱）	适用于全新的设计，创建的齿轮箱中没有任何零部件
New gearbox and parts（新建齿轮箱和零部件）	适用于对已有设计的建模，由于用户已有齿轮箱的详细图样，在建立齿轮箱的同时，可以按照基本尺寸和参数直接建立多个轴和齿轮副
Migrate parts（迁移零部件）	适用于用户已经建立了齿轮箱中其他零部件，如轴、齿轮等，用户可将已有的零部件模型直接搬移到新的齿轮箱中

在这里选择创建一个空齿轮箱。单击图 3-3 中【OK】按钮进入下一步。

在弹出的图 3-4 所示对话框中输入齿轮箱的名称和描述后单击【OK】按钮进入下一步。

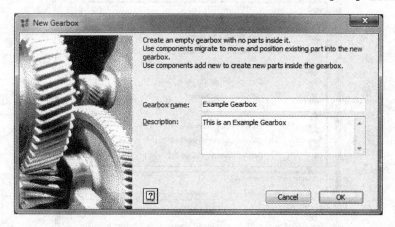

图　3-4

至此，创建齿轮箱完成，软件自动弹出齿轮箱的工作表，如图 3-5 所示。

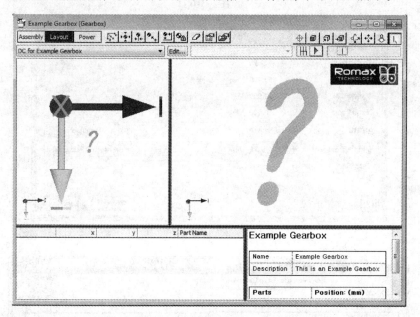

图　3-5

3.2　轴的建模

新建轴系装配件，如图 3-6 所示。

每一个轴系装配件都包含且只包含一根轴，因此每次新建轴系装配件时，需同时新建一根轴，如图 3-7 所示。

1）选择轴材料，如图 3-8 所示。

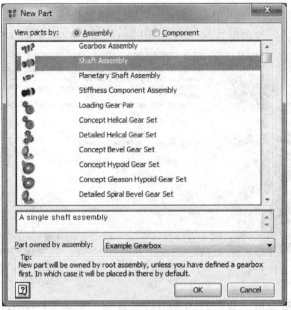

图 3-6

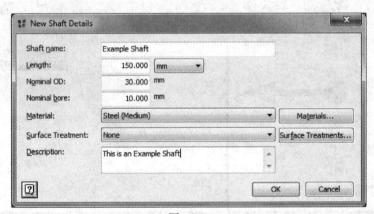

图 3-7

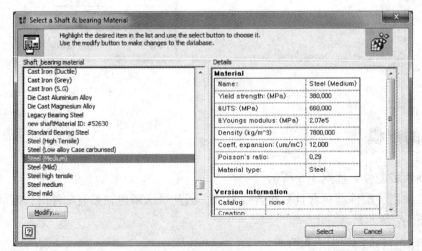

图 3-8

2）选择轴表面处理方式，如图 3-9 所示。

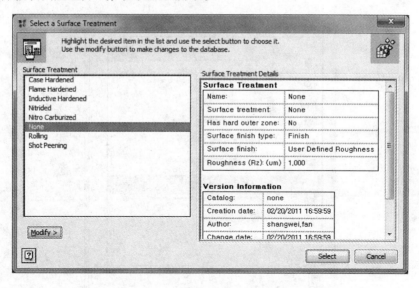

图　3-9

　　此时新建的轴是一根光轴，如图 3-10 所示。在工程设计实例中，轴通常包含许多阶梯，各有不同细部特征的轴肩，不同直径的圆柱面轴段（或轴孔），或者不同尺寸的圆锥面轴段（或轴孔），以及径向孔等。

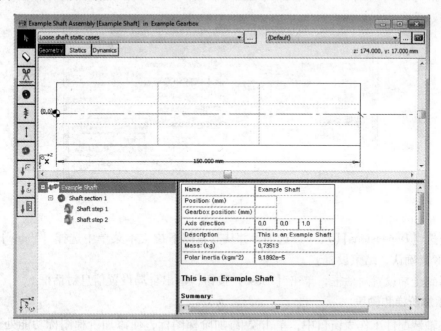

图　3-10

1. 轴向尺寸的显示

- 选择主窗口菜单中【Preference】（设置）命令。
- 点击【Global Preference...】（全局设置）命令，弹出全局设置信息对话框，如图 3-11

所示。

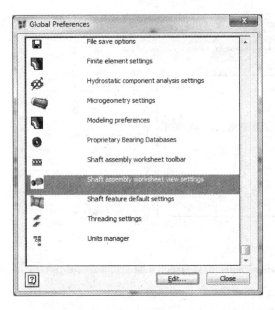

图　3-11

- 选择【Shaft assembly worksheet view settings】(轴系装配件工作表视图设置)。
- 单击【Edit】(编辑) 按钮,弹出设置对话框,如图 3-12 所示。

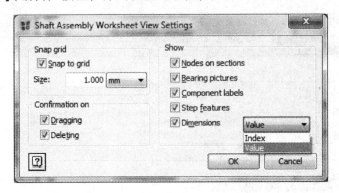

图　3-12

- 勾选【Dimensions】(尺寸) 选项,并从其右侧下拉文本菜单中选择【Value】(数值)。单击【OK】确认,结束设置。
- 回到全局设置对话框,单击【Close】按钮,退出全局设置信息对话框。

2. 添加阶梯和轴段

- 在轴装配件工作表窗口中,单击 ✂ 添加阶梯图标,使添加阶梯图标功能处于激活状态,即 ✂ ,同时鼠标变成剪刀状。

- 将鼠标移动到轴上准备添加阶梯的位置并单击,弹出添加阶梯的对话框 (见图 3-13)。或者通过在主窗口依次选择【Components】(部件)→【Step...】(阶梯) 命令,直接打开添加阶梯的对话框。

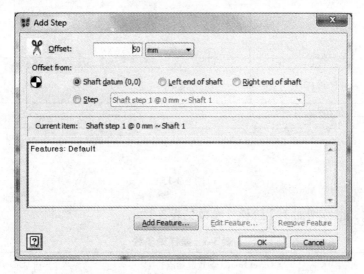

图　3-13

关于偏置起始点（Offset from）的解释详见表 3-2 和图 3-14 所示。

表 3-2　偏置起始点参数定义

Offset from（偏置起始点）	Offset（偏置距离）
Shaft Datum（轴基准）	以轴的基准点为起点，沿局部坐标系 Z 轴正方向为正，反之为负
Left End of Shaft（轴左端）	以轴左端为起点，沿局部坐标系 Z 轴正方向为正，反之为负
Right End of Shaft（轴右端）	以轴右端为起点，沿局部坐标系 Z 轴正方向为正，反之为负
Current Step（当前阶梯）	以选定的阶梯为起点，沿局部坐标系 Z 轴正方向为正，反之为负

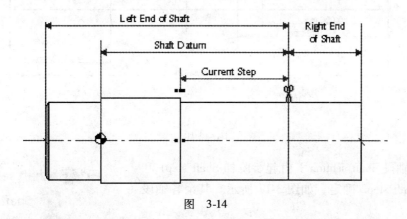

图　3-14

- 选择阶梯偏置起始点 Offset from 为 Shaft Datum（轴基准）（0，0）。
- 输入偏置距离 Offset 为 50mm。
- 单击【OK】按钮。

至此，最初所建的光轴变成了具有两个轴段的阶梯轴，如图 3-15 所示。

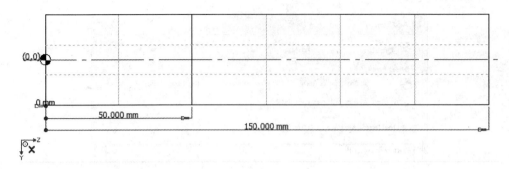

图　3-15

用同样方法，继续增加 3 个阶梯。参数见表 3-3。

表 3-3　阶梯轴参数

序　　号	Offset from （偏置起始点）	Offset （偏置距离）/mm
1	Left End of Shaft （轴左端）	60
2	Step：Shaft Step 3 @60.000mm ~ Example Shaft （阶梯：阶梯 3@60mm ~ 示例轴）	20
3	Right End of Shaft （轴右端）	-40

至此，轴被分割成 5 个轴段，如图 3-16 所示。

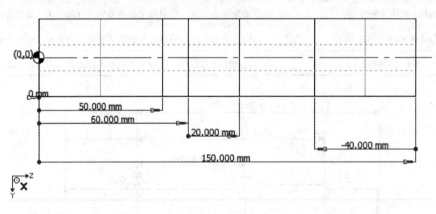

图　3-16

第 1 个轴段 Shaft section 1 由起始阶梯 Shaft step1 和终止阶梯 Shaft step2 确定，如图 3-17 所示。其余各轴段类似。

在激活轴的装配件工作表的同时，通过主窗口下拉菜单中的【Properties】（属性）→【Shaft Features...】（轴特征）命令打开编辑阶梯的对话框（见图 3-18），通过

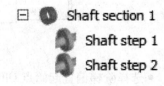

图　3-17

【Add Step】添加阶梯、【Delete Step】删除阶梯和【Edit Step】编辑阶梯等按钮灵活地实现添加、删除和编辑阶梯的操作。

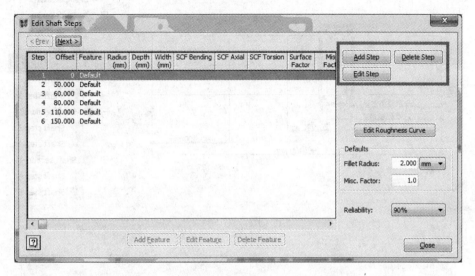

图　3-18

分割轴段、添加阶梯的操作也可理解为增加轴段的操作。

- 选择主窗口菜单中的【Components】(部件) 命令。
- 选择【Section...】(轴段) 命令打开添加轴段的对话框，如图 3-19 所示。

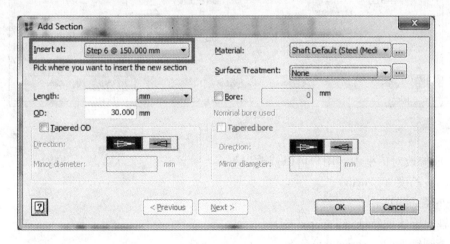

图　3-19

- 在插入位置 "Insert at" 的下拉文本框中选择轴段插入的位置。
- 输入要插入的轴段的尺寸参数。
- 此处不再增加轴段，故单击【Cancel】按钮退出。

3. 编辑轴段尺寸

- 在轴装配件工作表中单击【Select item】(选择项) 图标，激活点选功能为 。
- 在轴的外形轮廓中双击相应的轴段，或者从轴的特征结构树中双击相应的轴段，如图 3-20 所示，打开轴段尺寸编辑、修改对话框，如图 3-21 所示。

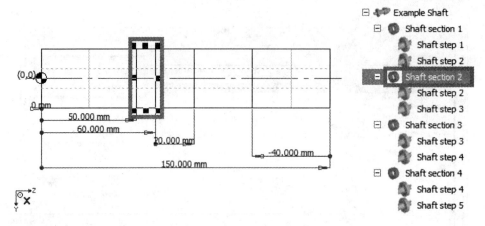

图　3-20

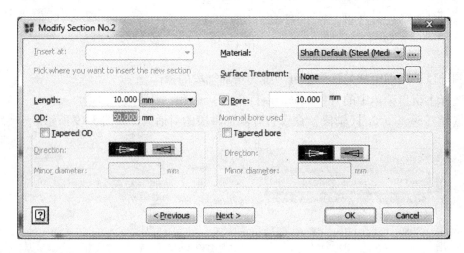

图　3-21

在轴段修改对话框中，用户可以修改以下参数：

1）轴段长度（Length）。

2）外径（OD）。

3）轴段圆锥面特征（Tapered OD）。

4）外圆锥方向（Direction）。

5）外圆锥小端直径（Minor diameter）。

6）孔径（Bore）。

7）轴孔圆锥面特征（Tapered OD）。

8）内圆锥方向（Direction）。

9）内圆锥小端直径（Minor diameter）。

10）材料（Material）。

11）表面处理方式（Surface Treatment）。

同时，单击【Previous】（上一步）或【Next】（下一步）便可编辑前一轴段或者后一轴段的尺寸，单击【OK】按钮结束编辑。

用户也可以通过主窗口菜单，选择【Properties】（属性）→【Shaft Sections...】（轴段）命令，或者直接双击轴的特征结构树中的轴零件，打开轴的详细特征对话框，如图 3-22 所示，在该对话框中同样可以完成增加阶梯【Add Step...】、增加轴段【Add Section...】、删除轴段【Delete Section...】或编辑轴段【Edit Section...】等更加灵活的操作。

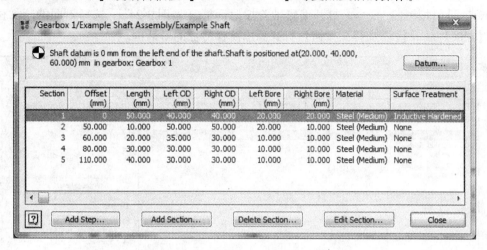

图　3-22

按照表 3-4 所列参数修改轴内、外直径的尺寸和参数。修改完成后，单击【Close】按钮结束尺寸编辑，如图 3-22 所示。

表 3-4　轴内、外径参数　　　　　（单位：mm）

Section（轴段）	Left OD（左端外径）	Right OD（右端外径）	Left Bore（左端孔径）	Right Bore（右端孔径）	Surface Treatment（表面处理方式）
1	40	40	20	20	Inductive Hardening（感应淬火）
2	50	50	20	10	None（无）
3	35	30	10	10	
4	30	30	10	10	
5	30	30	10	10	

修改后轴的断面轮廓如图 3-23 所示。

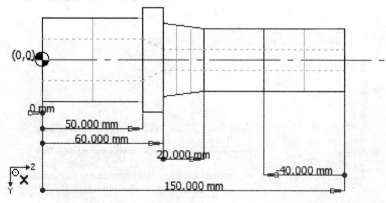

图　3-23

4. 添加、编辑、删除疲劳特征

阶梯轴上在阶梯或者轴肩位置处通常有许多的特征，例如圆角、凹槽、径向孔等细部特征，这些特征在轴的疲劳分析中是必须的。

•激活轴的装配件工作表，选择主窗口菜单中【Properties】（属性）→【Shaft Features...】（轴特征）命令，打开编辑轴阶梯对话框（见图 3-24）。选择不同的阶梯位置，单击【Add Feature】（添加特征按钮）打开添加阶梯特征的对话框。

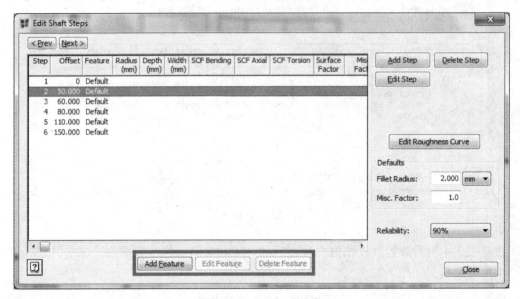

图　3-24

•用户也可以直接双击轴的特征结构树中的【Shaft Step】（轴阶梯）打开修改阶梯对话框（见图 3-25），再单击【Add Feature】（添加特征）按钮打开添加阶梯特征的对话框，如图 3-26 所示。

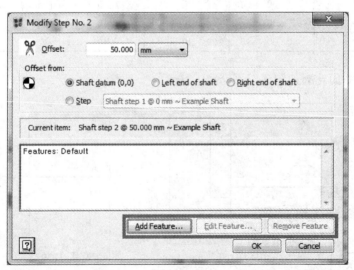

图　3-25

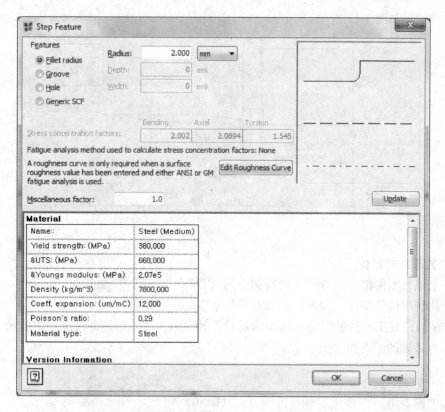

图　3-26

添加轴的疲劳特征有 4 种方式，见表 3-5。

表 3-5　轴的疲劳特征添加方式

序　　号	Features（特征）	Note（说明）
1	Fillet radius	设置圆角半径
2	Groove	设置凹槽
3	Hole	设置径向孔
4	Generic SCF	设置常规应力集中系数

按照下表 3-6 所列的要求为轴各阶梯添加细节特征，修改完成后，点击图 3-26 中的【OK】按钮结束。

表 3-6　轴阶梯特征参数

Step（阶梯）	Features（特征）	Note（说明）
Step 2	Groove（凹槽）	Radius（半径）= 0.5，Depth（深度）= 0.5，Width（宽度）= 2
Step 3	Fillet radius（圆角半径）	Radius（半径）= 3
Step 5	Hole（径向孔）	Radius（半径）= 4

注意：不管是以上哪一种特征（除了手动指定常规应力集中系数），Romax 软件都会自动计算出相应的常规应力集中系数，包括弯曲应力集中系数、轴向应力集中系数和扭转应力集中系数。

修改后的轴如图 3-27 所示。

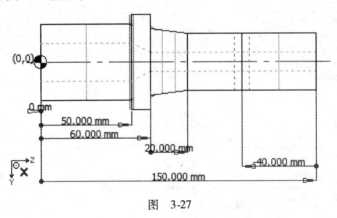

图　3-27

5. 轴的基准与定位

每一个轴装配件都有自身对应的局部空间（Local Space）和轴基准（Shaft Datum）。轴总是位于此装配件的局部空间内，并相对于其基准进行定位。

Romax 软件规定轴的轴向为局部坐标系的 Z 轴方向，在轴的装配件工作表的轮廓图中从左到右，为 Z 轴的正方向。

局部坐标系用 表示；轴基准的原点（0，0）用 表示。

• 通过点击主窗口，选择【Properties】（属性）→【Shaft Datum…】（轴基准）命令，打开轴的细部特征对话框（见图 3-28），或者通过双击轴的特征结构树的根节点打开轴的尺寸对话框。

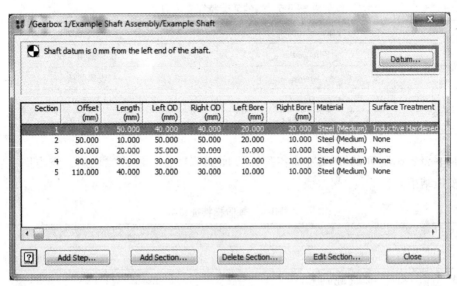

图　3-28

• 单击【Datum】（基准）按钮来打开轴的定位对话框，如图 3-29 所示。

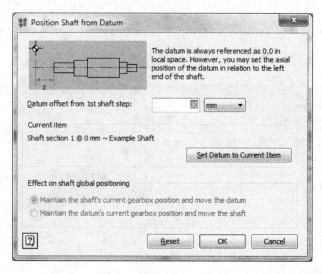

图　3-29

● 在第一轴阶梯起的偏置距离 "Datum offset from 1st shaft step" 中输入 30，即定义了轴的左端面位置位于局部坐标系 Z 轴的 − 30mm 处。

● 单击【OK】按钮确定，观察轴的断面图（见图 3-30），轴的起始位置发生了变化。

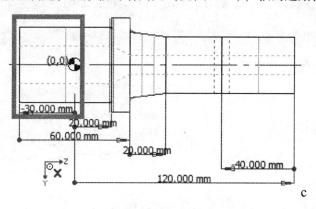

图　3-30

可以看到，由于未对轴在全局空间中进行定位，在图 3-29 中，"Effect on shaft global positioning"（对轴的全局定位的影响）下方的两种操作选项（见表 3-7）处于不可选状态。

表 3-7　定位操作选项

Effect on shaft global positioning	对轴的全局定位的影响
Maintain the shaft's current gearbox position and move the datum	维持在齿轮箱中当前的位置，移动局部基准
Maintain the datum's current gearbox position and move the shaft	维持局部基准在齿轮箱中当前的位置，移动轴

接下来，对轴进行全局定位，操作如下：

● 激活轴的装配件工作表，在主窗口选择【Properties】（属性）→【Position in Gearbox】

（在齿轮箱中位置）命令，打开全局定位对话框；或者右键单击设计窗口结构树中的轴零件，然后右键弹出快捷菜单，选择【Properties...】（属性），选择【Position】（位置）选项，如图 3-31 所示。

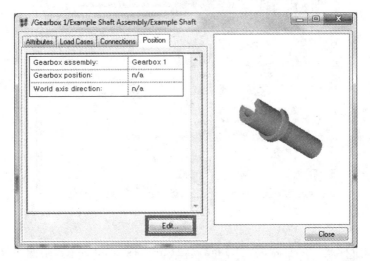

图 3-31

• 点击【Edit】（编辑）按钮，弹出全局定位对话框，如图 3-32 所示。

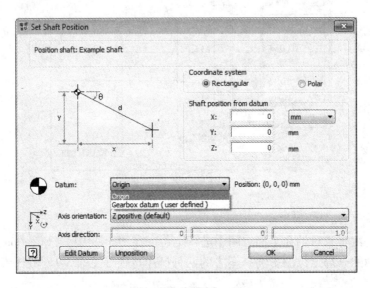

图 3-32

• 在"Coordinate system"（平面坐标系）中可以选择【Rectangular】（直角坐标系）或者【Polar】（极坐标系），对应的空间坐标系的参量分别为 X、Y、Z 或者 D、Theta（θ）、Z。

1) 首先对局部坐标轴基准【Shaft Datum】进行定位。用户可以选择"Origin"（原点）或者"Gearbox datum（user defined）"［齿轮箱基准（自定义）］作为定位参照基准。这两个参照的具体解释见表 3-8。

表 3-8　轴基准参照说明

参 照 基 准	说　　　明
Origin	全局空间的原点，即全局坐标系的原点（0，0，0）位置处
Gearbox datum（user defined）	齿轮箱基准坐标系（用户自定义的基准坐标系）

默认齿轮箱的基准点与全局空间的原点重合，用户可以通过单击【Edit Datum】（编辑基准）按钮，重新制定齿轮箱基准点相对于全局空间的原点的位置。

2）选择了参照基准之后，可以在 X、Y、Z 或者 D、Theta（θ）、Z 中输入相应的数值，从而确定轴的局部坐标系原点（轴的基准点）在全局空间的位置。

3）"Axis orientation"（轴向）用于指定轴的局部坐标系 Z 轴正方向在定位参照基准的坐标系中的方向，该方向默认与基准的坐标系 Z 轴正方向相同。用户也可以指定与其他坐标轴的正方向或者负方向相同，或者选择"Custom"（自定义）方式，通过空间向量，指定轴的参照空间中的方向。

在本例中，选择【Origin】（原点）为参照基准，选择【Custom】（自定义）自定义轴的局部坐标系的 Z 轴正方向，空间向量输入［1.0，1.0，1.0］，单击【OK】按钮结束，如图 3-33 所示。如果要取消定位，则应单击【Unposition】（取消定位）按钮。

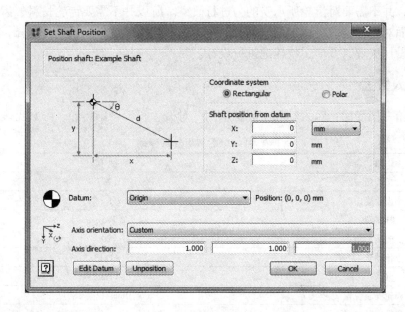

图　3-33

●单击【OK】按钮结束。

打开齿轮箱工作表，可以看到轴的局部坐标系、轴在全局空间中的位置依次如图 3-34a、b 所示。

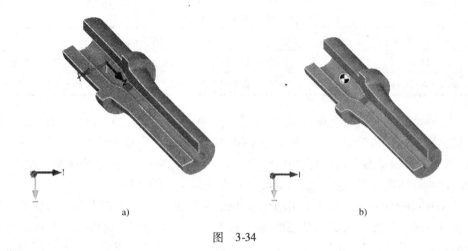

a)

b)

图 3-34

3.3 齿轮的建模

本节中，我们将定义概念性的齿轮（当数据有限时）。概念性的齿轮是暂时只研究齿轮加载的载荷，并不需要对齿轮所承受的力进行研究。所以并不需要齿轮材料、齿根圆半径等参数。在后面对齿轮副进行详细的研究时，再对这些数据进行详细设置。这样，有利于用户选择不同的设计流程，方便、快捷地进行设计。

3.3.1 输入数据

某齿轮箱一挡变速：输入轴和中间轴采用一对概念斜齿轮副传递，参数见表3-9。

表 3-9　概念斜齿轮副参数

参 数 名	详 细 信 息
螺旋角	27
小齿轮旋向	Right（右）
法向模数	2.185mm
法向压力角	20
传动比	41/12
齿宽	17mm
小齿轮安装位置	174.0mm（输入轴）
大齿轮安装位置	178.0mm（中间轴）
小齿轮安装方式	与轴集成
大齿轮安装方式	轴同步装置

3.3.2 详细操作

1. 创建概念斜齿轮副

• 打开设计文件，在主窗口中，选择【Components】（部件）的下拉菜单创建斜齿轮副。依次选择【Components】（部件）→【Add New Assembly/Component...】（添加新装配件/部件）

命令。

　　● 在弹出的图 3-35 中的对话框组件列表中选择【Concept Helical Gear Set】(概念斜齿轮副) 命令。

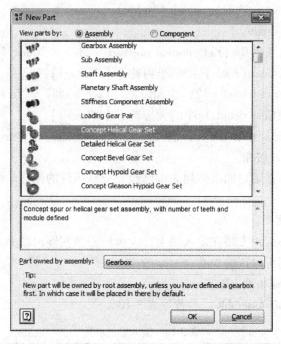

图　3-35

　　● 点击【OK】按钮。

　　创建后的概念斜齿轮副如图 3-36 所示，默认名称为【Gear Set 1】(齿轮副 1)，其详细信息输入操作如下：

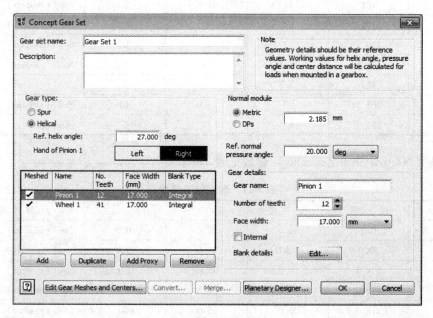

图　3-36

- 选择齿轮类型（Gear type）：斜齿轮（Helical）。
- 输入参数（Ref. helix angle）：螺旋角（Helix Angle）=27deg（°）。
- 小齿轮旋向（Hand of Pinion）：右旋（Right）。
- 选择模数（Normal module）：公制（Metric）。
- 输入模数 = 2.185mm。
- 输入参数：法向压力角（Ref. normal pressure angle）= 20deg（°）。
- 选中齿轮列表（Gear details）中的小齿轮 1【Pinion 1】。

输入齿数（Number of teeth）=12；输入齿宽（Face width）=17mm。

- 选中齿轮列表（Gear details）中的大齿轮 1【Wheel 1】。

输入齿数（Number of teeth）=41；输入齿宽（Face width）=17mm。

点击【OK】（确认）按钮。

完成上述操作后，在用户的组件列表中已经完成新组件的创建。但是此时齿轮副是独立的，尚未安装于轴上。

2. 定义齿轮的位置

在一挡变速中，小齿轮安装在输入轴上，大齿轮安装在输出轴上。必须准确安装于不同的轴上，以确保齿轮副可以正确地啮合。

1）首先创建输入轴和输出轴。

输入轴（Input Shaft Assembly）参数见表 3-10。

表 3-10　输入轴的参数　　　　　　　　　　　（单位：mm）

轴　段	位　置	长　度	直　径	内　径	材　料
1	0	48	20.0	0	Steel（medium）（中碳钢）
2	48	13	60.3	0	Steel（medium）（中碳钢）
3	61	40	18	0	Steel（medium）（中碳钢）
4	101	14	52.5	0	Steel（medium）（中碳钢）
5	115	5.5	27	0	Steel（medium）（中碳钢）
6	120.5	13	41.3	0	Steel（medium）（中碳钢）
7	133.5	18.5	23	0	Steel（medium）（中碳钢）
8	152	13.5	18	0	Steel（medium）（中碳钢）
9	165.5	17	23.8	0	Steel（medium）（中碳钢）
10	182.5	58.5	17	0	Steel（medium）（中碳钢）

输出轴（Output Shaft Assembly）参数见表 3-11。

表 3-11　输出轴的参数　　　　　　　　　　　（单位：mm）

轴　段	位　置	长　度	直　径	内　径	材　料
1	0.0	50.0	20.0	10.0	Steel（medium）（中碳钢）
2	50.0	128.0	25.0	10.0	Steel（medium）（中碳钢）
3	178.0	14.0	25.0	0.0	Steel（medium）（中碳钢）
4	192.0	26.0	34.4	0.0	Steel（medium）（中碳钢）
5	218.0	20.0	25.0	0.0	Steel（medium）（中碳钢）

2）将小齿轮安装于输入轴上。在组件列表中双击【Input Shaft Assembly】（输入轴装配件）命令。

● 选择主窗口菜单栏中【Components】（部件）→【Gear...】（齿轮）命令，或者双击轴的装配件工作表窗口左侧的齿轮图标 ◎ 。

● 在轴的装配件工作表中单击进入安装设置窗口（见图3-37），选择【Select From Gear Set...】（从齿轮副中选择）按钮。

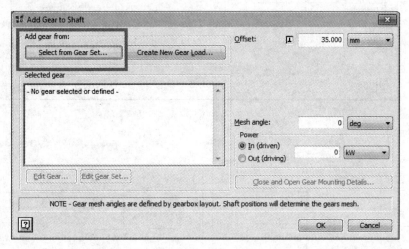

图 3-37

● 在概念斜齿轮列表中选中【Pinion 1】（小齿轮），点击【Select】（选择）按钮，如图3-38所示。

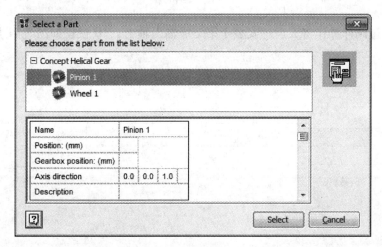

图 3-38

● 回到轴上添加齿轮对话框中，输入偏置距离（Offset）= 174mm，点击【OK】按钮，如图3-39所示。

完成上述操作后，用户已经完成了小齿轮在输入轴上的定位。此时轴的2D模型如图3-40所示。

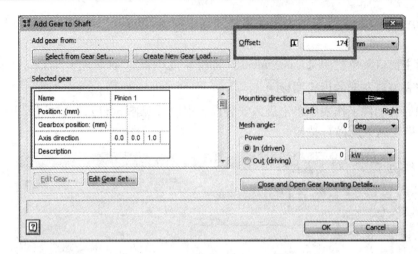

图　3-39

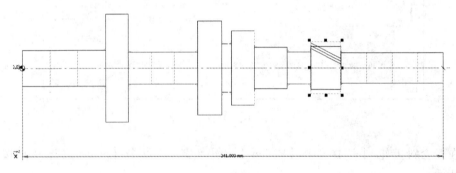

图　3-40

用户可通过同样操作将大齿轮安装于第一级输出轴上，2D 模型如图 3-41 所示。

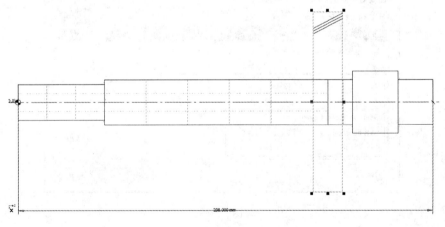

图　3-41

3. 定义齿轮与轴的安装方式

通常，在轴上安装齿轮可通过以下四种方式完成连接：

1）齿轮与轴一体化连接（加工成齿轮轴或以焊接的方式固定连接）。

2）齿轮通过同步器或其他离合装置与轴连接。

3）齿轮通过花键或类似形式（过盈）与轴刚性连接。

4）齿轮在轴上自由旋转。

齿轮安装方式将定义轴与齿轮的相互关系，以定义【齿轮与轴一体化连接】为例，演示如何对这些关系进行定义。

在设计窗口（见图3-42）中通过元件属性进行定义，操作如下：

图　3-42

● 点击【Gear Set 1】（齿轮副1）下的 ✚ 图标，选择【Pinion 1】（小齿轮）命令。在弹出的快捷菜单中，选择【Properties...】（属性）命令，如图3-42所示。

● 选择【Connections】（连接）选项，选择【Part】（零件）列表中的【Input Shaft】（输入轴），如图3-43所示。

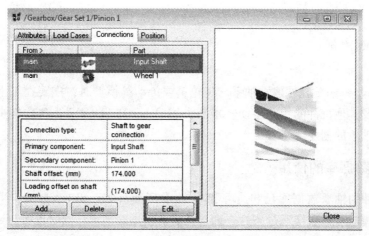

图　3-43

注意：在 RomaxDesigner 软件中，【Pinion】默认为小齿轮。

- 点击【Edit...】（编辑）按钮。
- 在弹出的图 3-44 所示对话框中选择装配方式（Attachment methool）：Integral With Shaft（与轴集成为一个整体）。

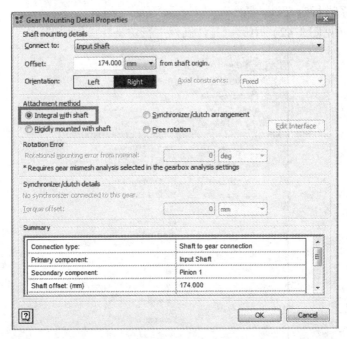

图 3-44

- 点击【OK】按钮。

用同样的方式定义【Gear Set 1】（齿轮副 1）组件列表中的【Wheel 1】（大齿轮 1）。采用同步器的连接方式进行安装。

齿轮副概念性建模完成后，各轴在齿轮箱中准确定位后的 3D 图如图 3-45 所示。

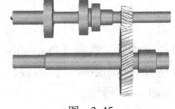

图 3-45

3.4 轴承的建模

使用 RomaxDesigner 软件建立轴系、齿轮箱或传动链模型时，需要在轴上安装轴承，以支承和导向轴及其他机件的相对运动。本节讲述 RomaxDesigner12.7.0 软件中轴承数据库的使用与自定义轴承的创建。

3.4.1 轴承数据库的使用

Romax 软件的轴承数据库已包含了部分轴承厂商（如：SKF、FAG、NTN）的产品数据。客户在建模时可以直接通过条件查询选择需要使用的轴承，同时也可自定义轴承，并保存至数据库。

● 在主窗口菜单栏点击【Preferences】(设置) → 【Rolling Bearing Catalogs】(滚动轴承目录) 命令,如图 3-46 所示,进入轴承数据库对话框。

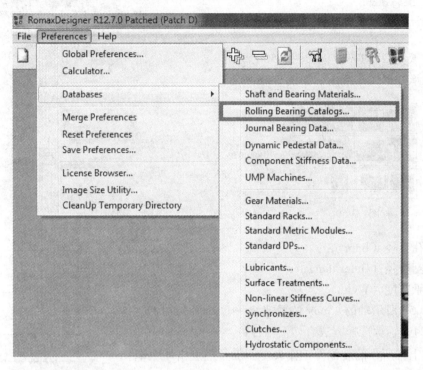

图　3-46

轴承数据库对话框主要包括查询区域与结果显示区域两部分,如图 3-47 所示。

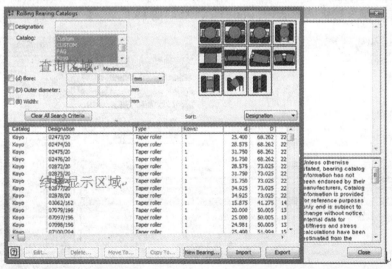

图　3-47

查询区域提供以下几种查询条件,支持以一种或几种条件组合来选择所需要的轴承。

1) 型号查询 (Designation:),如图 3-48 所示。

2) 厂商选择 (Catalog),如图 3-49 所示。

图　3-48　　　　　　　　　　　　　　　图　3-49

3）轴承类型（Type），如图 3-50 所示。

4）轴承外形尺寸范围，如图 3-51 所示。

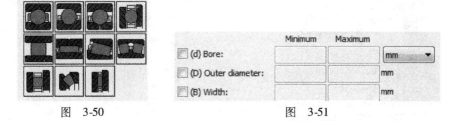

图　3-50　　　　　　　　　　　　　　　图　3-51

① 内孔直径（Bore）。

② 外圈直径（Outer diameter）。

③ 轴承宽度（Width）。

在图 3-52 所示轴的 45mm 位置安装一套 SKF 公司的深沟
球轴承 6024，轴承选择方法有如下两种：

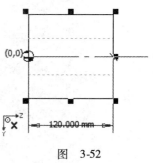

图　3-52

1）在上轴所在的装配件工作表左侧工具栏点击 ⦿ 图标，
或者点击主窗口菜单中【Components】（部件）→【Add　New
Components...】（添加新部件）命令，在【New Part】（新建零
件）对话框的列表内选择【Rolling Bearing】（滚动轴承）命令，激活轴承数据库对话框，在
如图 3-53 所示查询区域内，输入型号 6024；选择厂商 SKF。

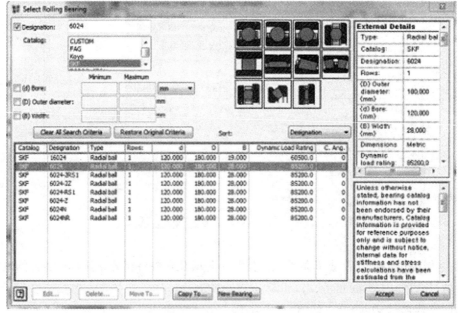

图　3-53

　　在结果显示区域即可找到需要的轴承。

　　2）依照上述①用相同的方式激活轴承数据库对话框后，在查询区域内，选择厂商 SKF；输入内孔直径 120mm、外圈直径 180mm；选择轴承类型为深沟球轴承，如图 3-54 所示。

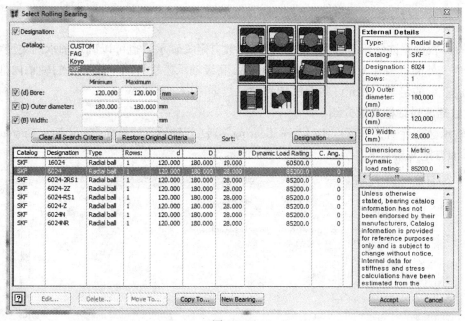

图　3-54

同样找到需要的轴承，见表 3-12 所列。

表 3-12　所需轴承参数数据

Catalog	Designation	Type	Rows：	d	D	B	Dynamic Load Rating	C. Ang.
SKF	6024	Radial ball	1	120. 000	180. 000	28. 000	85200. 0	0

　　●选择该轴承后，点击【Accept】（接受）按钮，进入【Rolling Bearing Arrangement】（滚动轴承排布）对话框，如图 3-55 所示。

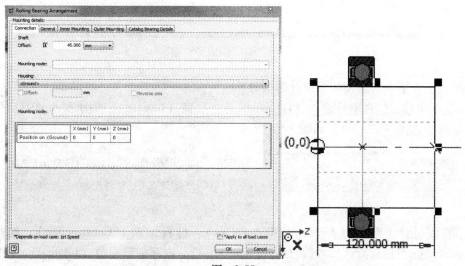

图　3-55

● 选择【Connection】（轴的连接）选项，在【Shaft】（轴）→【Offset】（偏置距离）项中输入 45，尺寸单位选择 mm。

● 点击【OK】按钮，即可将选择的轴承安装在轴的指定位置。

3.4.2　自定义轴承

Romax 软件允许使用者根据已有的设计参数自定义轴承，也可以确定轴承的类型和外形尺寸（内、外圈直径和宽度）后，根据 Romax 高级轴承模块自动生成需要的轴承内部参数；从而完成轴承的定义，并允许将其添加到轴承数据库内。

1. 数据库对话框功能介绍

在轴承数据库对话框下点击【New Bearing...】（新轴承），进入【Add New Custom Bearing】（添加自定义新轴承）界面，如图 3-56 所示。

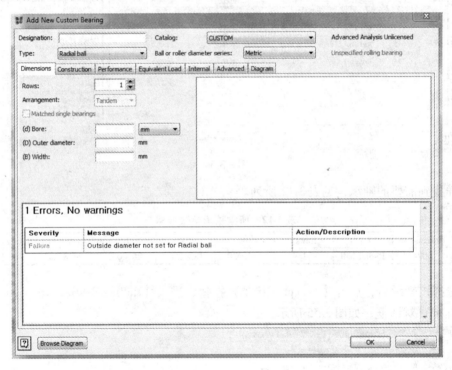

图　3-56

该界面包含基本信息和细节设计两部分。

1）基本信息。包含型号输入（Designation）、厂商（Catalog）、轴承类型选择（Type）、尺寸度量标准选择（Metric），如图 3-57 所示。

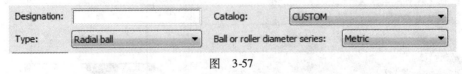

图　3-57

2）细节设计。包含外形尺寸（Dimensions）、材料结构（Construction）、轴承性能（Performance）、当量载荷计算参数（Equivalent Load）、内部细节参数（Internal），高级设计

（Advanced）和平面结构图（Diagram）七个界面，如图3-58所示。

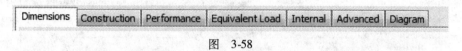

图　3-58

通过以上窗口的使用，即可完成自定义轴承的生成和添加。下面将举例说明如何使用该功能。

2. 自定义轴承

将一套自行设计的圆柱滚子轴承添加到 Romax 轴承数据库内。

1）收集自定义轴承的参数（限于篇幅，此处仅包含主设计参数，其他不再列入），见表3-13。

表 3-13　自定义轴承设计参数

Designation（型号）	NJ311
Outer Diameter（外径）	120mm
Bore（孔径）	55mm
Width（宽度）	29mm
Number of Roller（滚子数）	13
Roller Diameter（滚子直径）	18mm
Roller Length（滚子总长度）	19mm
Diameter of Pitch Circle（滚子节圆直径）	88.5mm

2）定义基本信息和【Dimensions】（尺寸）信息，如图3-59所示。

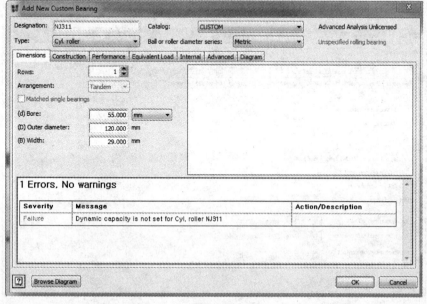

图　3-59

3）定义材料和轴承结构，如图3-60所示。

① 轴承材料。分别对外圈、内圈和滚子进行材料选择，点击【Select...】（选择）按钮进入材料库选择或添加材料，本例选择标准轴承钢（Standard Bearing Steel）。

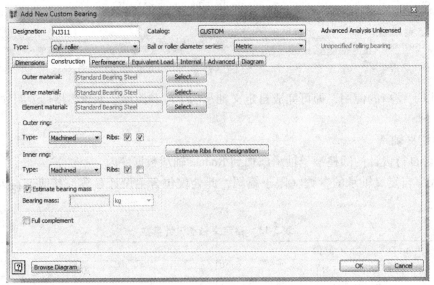

图　3-60

② 套圈结构。由于 NJ 结构的圆柱滚子轴承外圈包含双向的轴向挡边，内圈包含单向的轴向挡边，因此选择如图 3-61 所示的结构。

③ 轴承质量。可以选择输入设计计算轴承质量，或者根据自定义的几何尺寸和材料估算轴承质量，本例选择估算。

④ 是否满滚子：本例不勾选满滚子选项。

4）定义轴承性能，如图 3-62 所示。

图　3-61

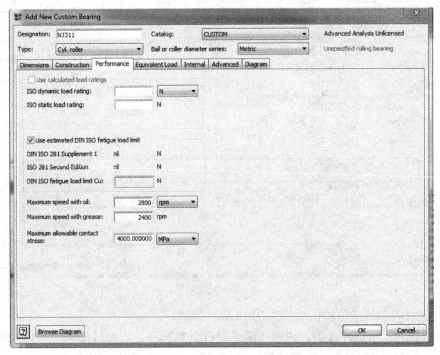

图　3-62

① Load ratings（载荷）：不选，根据自定义的轴承内部尺寸自动计算。

② DIN ISO fatigue load limit（DIN ISO 疲劳载荷极限）：根据自定义的轴承内部尺寸自动估算。

③ Maximum speed with oil（最大油润滑速度）和 Maximum speed with greese（最大脂润滑速度）：指轴承在不同润滑条件下允许的最高运行速度，按照图 3-62 所示输入相应数值。

④ Maximum allowable contact stress（最大允许接触应力）：球轴承选择 4200MPa，滚子轴承选择 4000MPa，本例选择 4000MPa。

5）Equivalent Load（当量载荷）：选择【Estimate equivalent load factors】（估算当量载荷系数），根据自定义的轴承内部尺寸自动估算。

6）定义内部细节参数。内部参数的定义（见图 3-63）可以参照示意图（Diagram）的二维图，如图 3-64 所示。

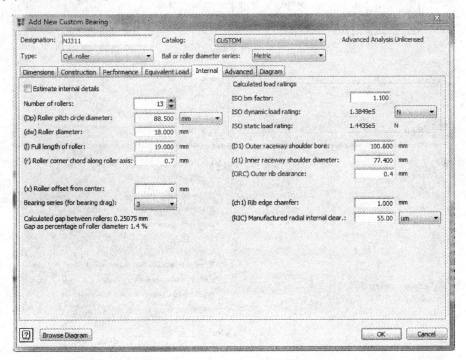

图 3-63

内部参数的定义，将直接影响轴承的各项性能参数。当定义完内部参数后，检查轴承质量界面、轴承性能界面和当量载荷系数界面，会发现最初空白的数据已全部自动估算。

轴承质量如图 3-65 所示。

轴承额定动载荷、额定静载荷和 DIN ISO 疲劳极限载荷如图 3-66 所示。

动态和静态当量载荷计算系数如图 3-67 所示。

至此，自定义轴承除了微观修形外，其他已全部定义完毕。本例使用 ISO/TS 16281 的计算方法，根据自定义的轴承内部参数，自动使用对数母线修形方法对滚子和内、外圈滚道母线进行修形。

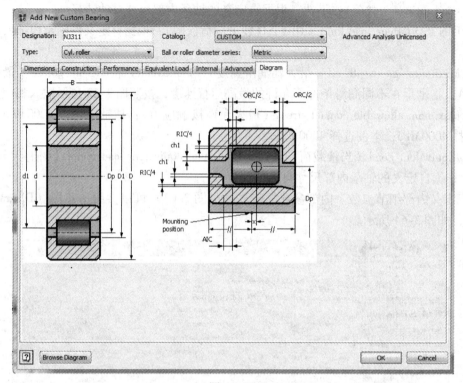

图 3-64

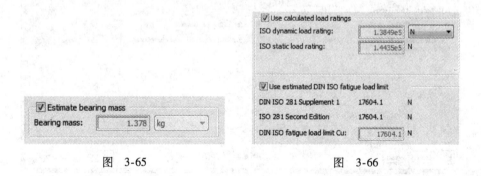

图 3-65　　　　　　　　　　　　　　　图 3-66

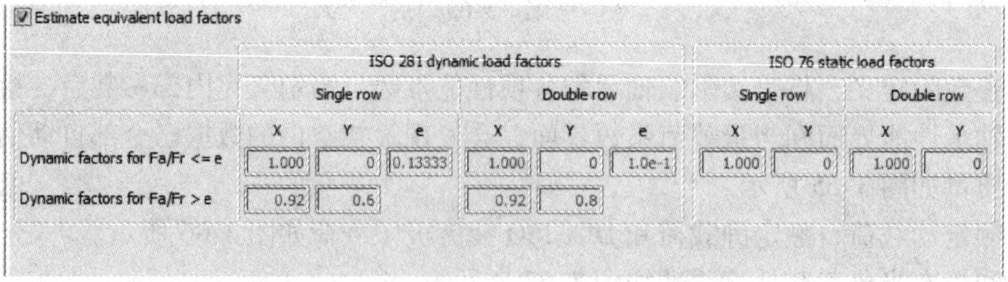

图 3-67

● 重新回到【Dimensions】(尺寸) 界面, 如图 3-68 所示。发现与初始定义该界面后的情况已不相同, 右侧视图出现轴承三维模型, 下面显示区内显示未检查出错误和警告 (No errors or warnings) 信息。

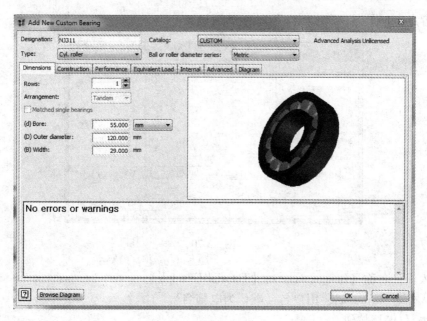

图　3-68

- 该轴承已完成定义，点击【OK】按钮自动保存到轴承数据库中，如图3-69所示。

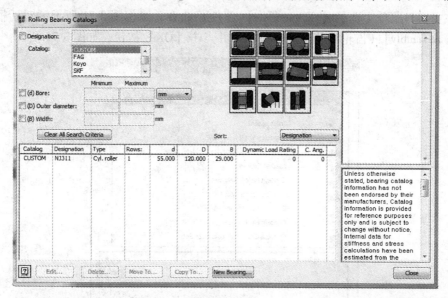

图　3-69

3.5 花键的建模

3.5.1 创建新的设计

- 启动 RomaxDesigner 程序，并且在主窗口菜单中选择【File】(文件)→【New】(新建)

命令，或者点击 图标，弹出图 3-70 所示的窗口。

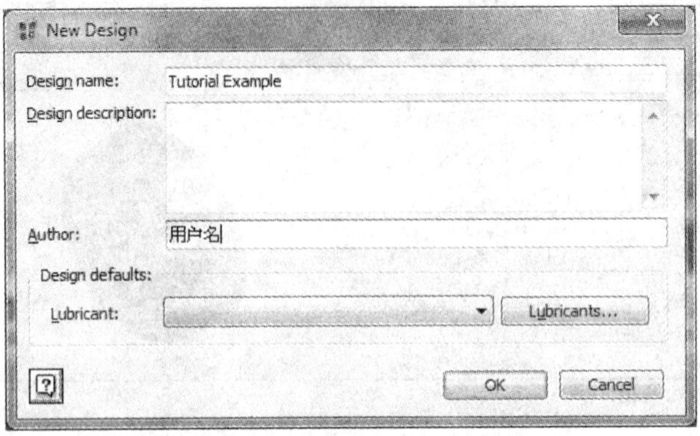

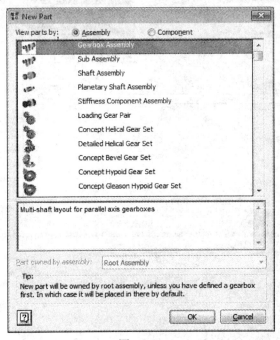

图　3-70

- 输入设计名称（Design name）：【Tutorial Example】。
- 输入作者（Author）：用户名（默认为电脑名）。
- 点击【OK】按钮。

3.5.2　创建齿轮箱

- 在主窗口菜单中选择【Components】（部件）命令，弹出图 3-71 所示的对话框，选择【Gearbox Assembly】（齿轮箱装配件）选项，并点击【OK】按钮，如图 3-71 所示。

图　3-71

- 在弹出的图 3-72 所示的对话框中，选择【Empty】（空齿轮箱）选项，并点击【OK】按钮。

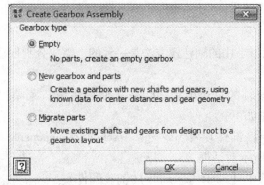

图 3-72

● 在弹出的如图 3-73 所示的对话框中输入 Gearbox name（齿轮箱名称）：Gearbox for Tutorial Example（齿轮箱教程示例），点击【OK】按钮，出现图 3-74 所示的对话框。

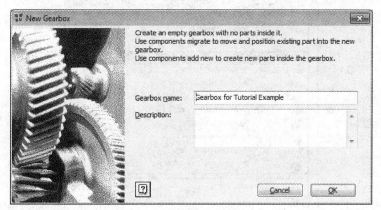

图 3-73

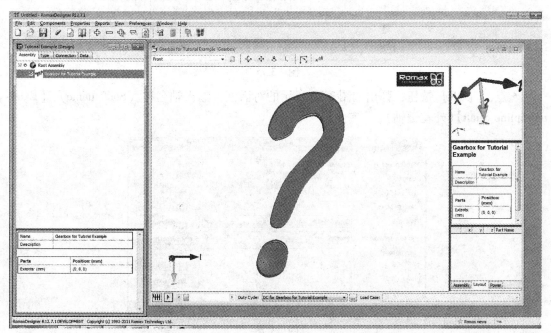

图 3-74

3.5.3 创建花键轴

花键轴的建模和前面章节中的轴建模方法是一致的，需要分别创建内花键轴和外花键轴。

1. 创建外花键轴

根据轴的尺寸已知该轴的总长度为 200mm，使用主窗口菜单栏【Components】（部件）下拉菜单创建该轴，操作如下：

- 选择【Components】（部件）→【Add New Assembly/Component...】（增加新的装配件/部件）命令，弹出图 3-75 所示对话框。
- 在装配件列表中选中【Shaft Assembly】（轴装配件）。

注意：装配件列表的下方"Part owned by assembly"（零件所属装配件）项的右侧下拉菜单中选择已经建好的 Gearbox for Tutorial Example（齿轮箱教程示例）。

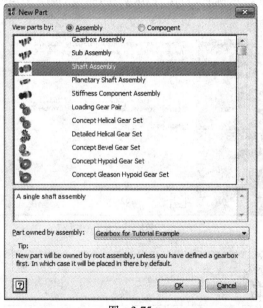

图 3-75

- 点击【OK】按钮，弹出如图 3-76 所示的对话框，输入轴名称（Shaft name）：【External Spline Shaft】（外花键轴）。

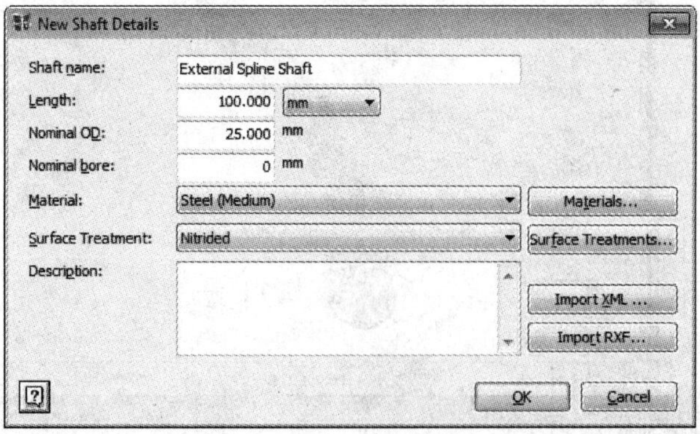

图 3-76

- 输入长度（Length）=100mm，输入公称直径（Normal OD）=25mm，点击【OK】按钮。
- 定义外花键轴在齿轮箱中的位置：X=0，Y=0，Z=0。

2. 创建内花键轴

参照创建外花键轴方法创建内花键轴，参数如图 3-77 所示。

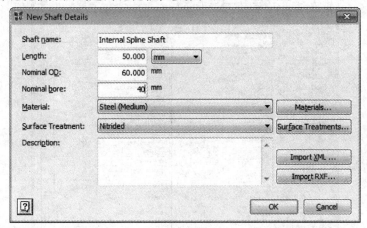

图　3-77

内花键轴在齿轮箱中的位置：X=0，Y=0，Z=−20。

3.5.4　创建花键联轴器模型

使用主窗口菜单栏【Components】（部件）下拉菜单创建花键联轴器。

- 选择【Components】（部件）→【Add New Assembly/Component...】（增加新的装配件/部件）命令，弹出图 3-78 所示对话框。
- 在装配件列表中选中【Spline Coupling】（花键连接）。

注意：装配件列表中的下方"Part owned by assembly"（零件所属装配件）右侧下拉菜

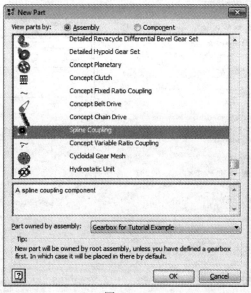

图　3-78

单中选择已经建好的 Gearbox for Tutorial Example（齿轮箱教程示例）。

● 点击【OK】按钮，出现图 3-79 所示的对话框，命名花键联轴器并选择花键联轴器标准和定义花键联轴器参数。

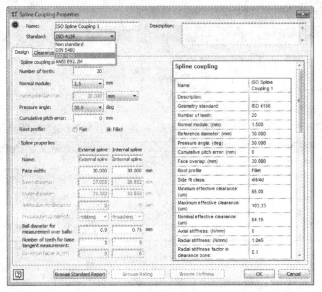

图　3-79

注意：关于花键联轴器标准的定义可以基于 DIN5480、ISO4156 和 ANSIB92.2M 标准进行完全定义，也可以基于非标准定义。

1）定义配合间隙，如图 3-80 所示。

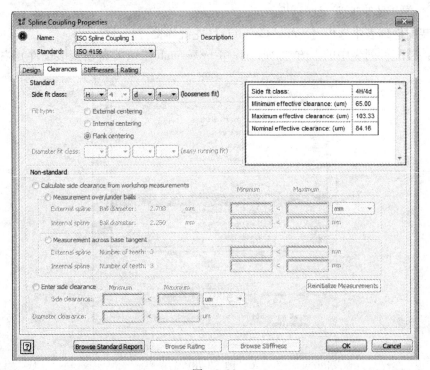

图　3-80

2）定义刚度和修形，如图 3-81 所示。

3）定义评估参数，如图 3-82 所示。

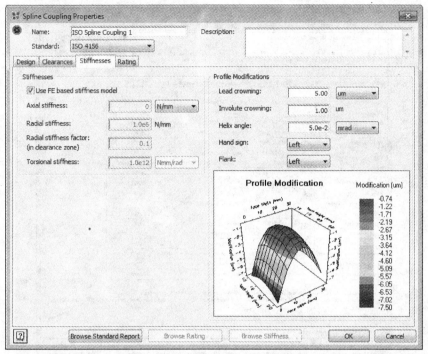

图　3-81

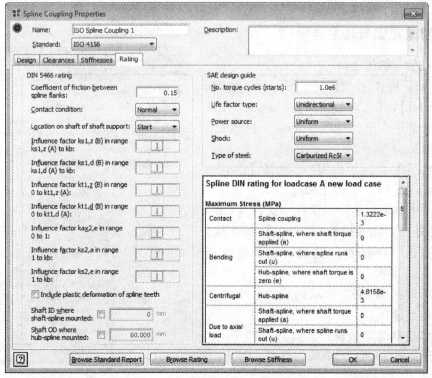

图　3-82

● 点击图 3-82 所示窗口下方的【Browse Standard Report】（浏览标准报告）按钮，出现图 3-83 所示的参数报告。

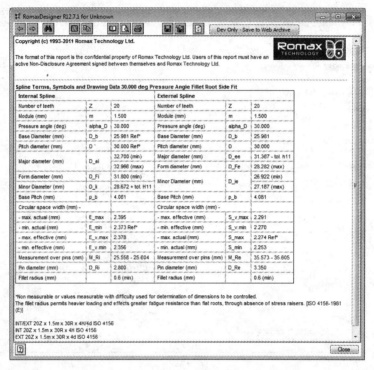

图　3-83

3.5.5　创建花键与轴的连接

1. 外花键与轴的连接

● 在模型树中右键单击【External Spline Shaft Assembly】（外花键轴装配件）选项，在弹出右键快捷菜单中选择【Properties...】（属性）命令，如图 3-84 所示。

● 弹出图 3-85 所示的窗口，选择【Connections】（连接）选项卡，点击【Add】（添加）按钮。

● 在弹出的添加连接对话框中选择【Outer diameter】（外径）和【External spline】（外花键）选项，并点击【Connect】（连接）选项进行连接，如图 3-86 所示。

● 在出现的图 3-87 所示的提示框中点击【Yes】按钮继续。

● 弹出花键的定位窗口，如图 3-88 所示，输入偏置距离（Offset）：15mm，点击【OK】按钮继续。

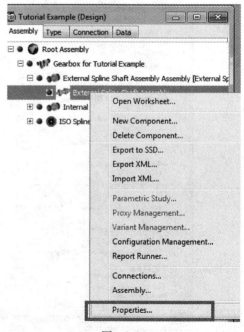

图　3-84

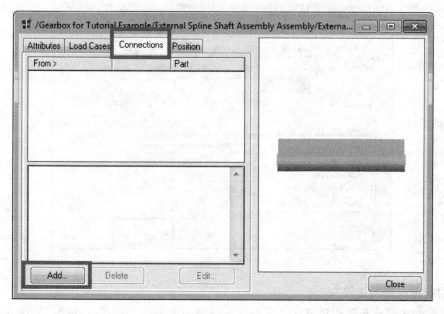

图 3-85

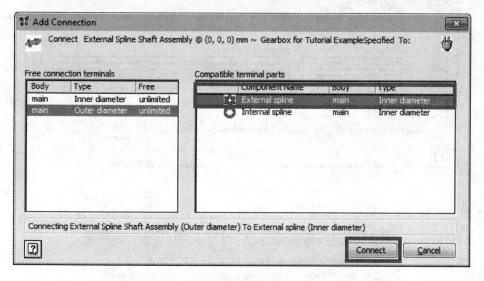

图 3-86

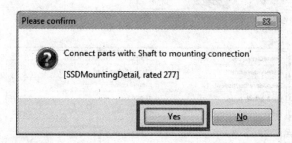

图 3-87

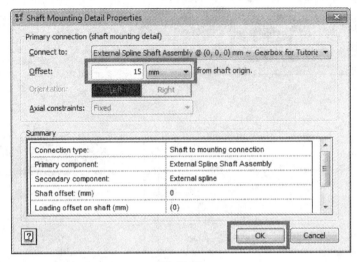

图　3-88

2. 内花键与轴的连接

●连接方法同外花键连接方法，区别在于选择对应的内花键进行连接，如图 3-89 所示。

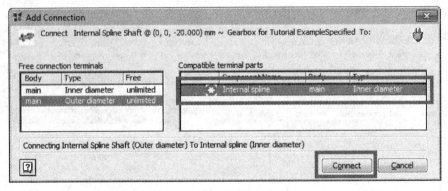

图　3-89

●输入花键的定位窗口中偏置距离（Offset）：35mm，如图 3-90 所示。

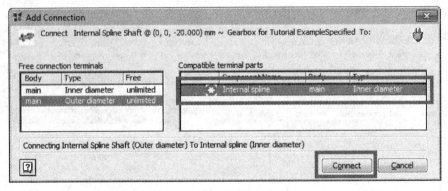

图　3-90

至此，花键模型建立完成，其 3D 视图如图 3-91 所示。

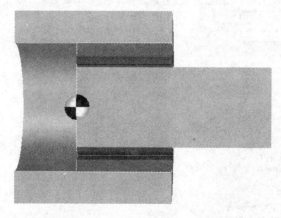

图　3-91

3.6　离合器建模

使用 RomaxDesigner 软件建立变速器模型时，需要在输入轴上安装离合器，来连接和断开来自发动机的输入转矩和转动。本节讲述 RomaxDesigner12.7.0 软件中概念离合器的创建。

3.6.1　输入数据

软件中已有的变速器模型 TRX4.ssd 为基础创建一个完整的概念离合器单元。汽车概念离合器零部件的输入参数见表 3-14。

表 3-14　汽车概念离合器输入参数　　　　　　　　　（单位：mm）

Component （部件）	Shaft （轴）	Offset （偏置距离）	Length （长度）	OD （外径）	Bore （内径）
Clutch Input （离合器输入片）	Engine Output Shaft （发动机输出轴）	251	5	100	17
Clutch Output （离合器输出片）	Input Shaft（输入轴）	261	5	100	20

3.6.2　创建概念离合器

● 激活 RomaxDesigner12.7.0 设计窗口，在主窗口菜单栏【Components】（部件）的下拉菜单中选择【Add New Assembly/Component…】（添加新装配件/部件），如图 3-92 所示。

● 弹出对话框，如图 3-93 所示。

● 在弹出的对话框的装配件列表中选中【Concept Clutch】（概念离合器），在【Part owned by assembly】（零件所属装配件）下拉菜单中选中该离合器所属的齿轮箱【Example Transmission for Synchronizer & Clutch Sizing/Simulation】（离合器尺寸设计示例变速器），点击【OK】按钮，弹出图 3-94 所示的对话框，完成概念离合器的创建。

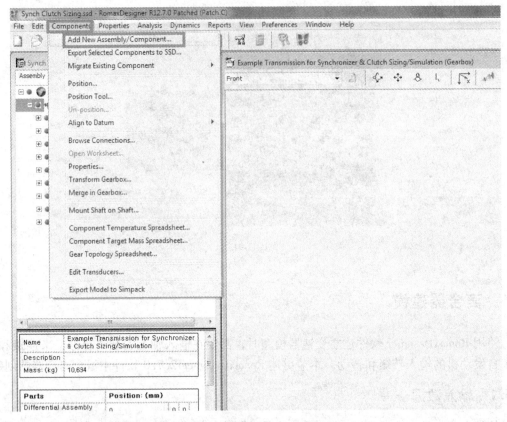

图　3-92

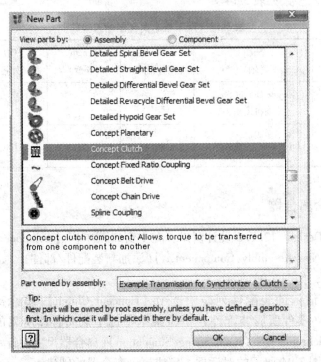

图　3-93

图 3-94

3.6.3 定义概念离合器几何参数

现在通过编辑两个离合器部件——输入片和输出片的特征参数来定义概念离合器的几何参数。

• 在【Assembly components】（装配件）列表中选中【Clutch Input】（离合器输入片），点击【Edit...】（编辑）按钮，弹出如图 3-95 所示的对话框，输入几何参数，点击【OK】按钮。

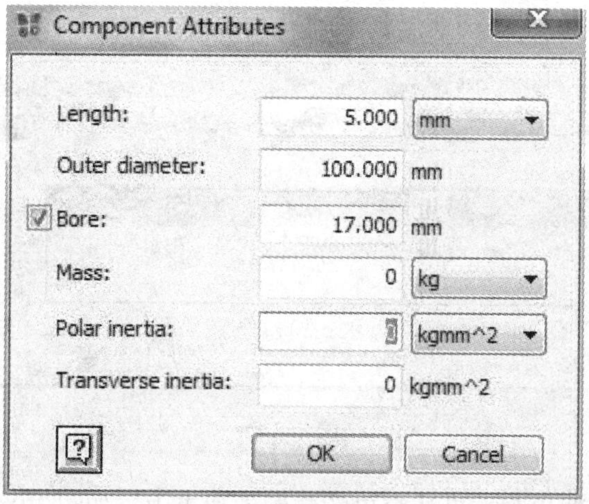

图 3-95

• 在【Assembly components】(装配件) 列表中选中【Clutch Output】(离合器输出片)，点击【Edit...】(编辑) 按钮，弹出如图 3-96 所示的对话框，同样输入几何参数，点击【OK】按钮。

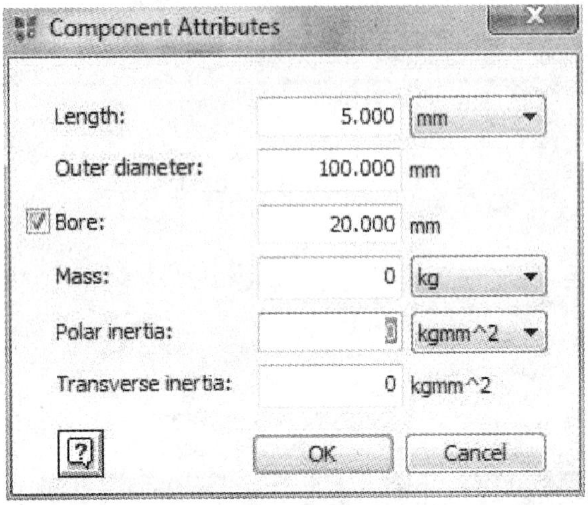

图　3-96

• 返回到【Concept Clutch Properties】(概念离合器属性) 对话框，如图 3-97 所示。至此已完成概念离合器的几何参数设定，点击【OK】按钮，退出对话框。

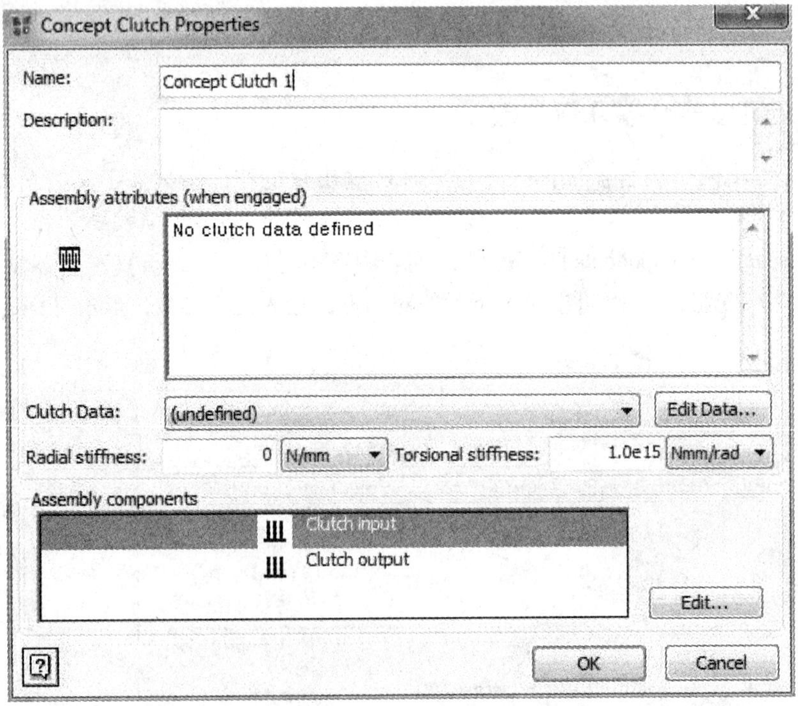

图　3-97

定义完成后，离合器出现在设计窗口的装配件列表中，如图 3-98 所示。

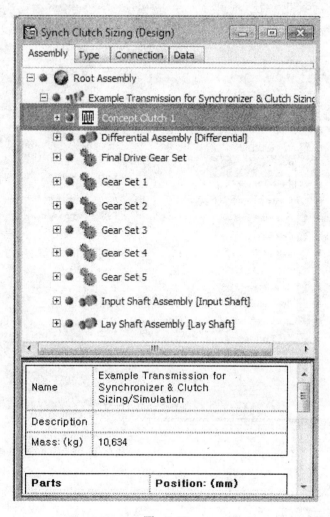

图　3-98

3.6.4　连接离合器部件和轴

● 在设计窗口中选中离合器部件，点击 ➕，选择【Clutch Input】（离合器输入片），点击鼠标右键，在下拉菜单中选择【Properties...】（属性），如图 3-99 所示。

● 在弹出的对话框（见图 3-100）中选择【Connections】（连接）选项，点击【Add...】（添加）按钮。

● 在【Compatible terminal Parts】（兼容终端配件）栏中选中【Engine Output Shaft】（发动机输出轴），点击【Connect】（连接）按钮，如图 3-101 所示。

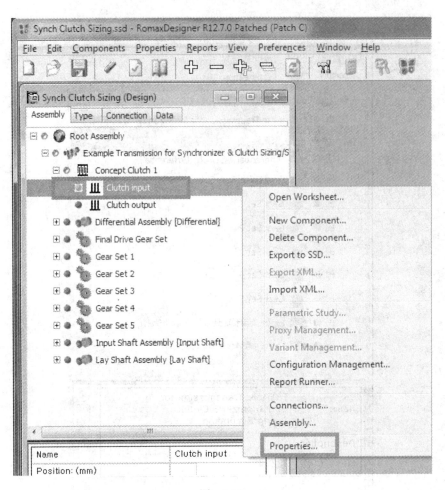

图 3-99

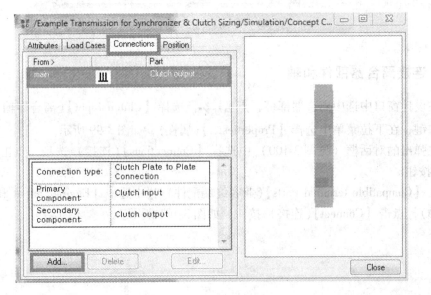

图 3-100

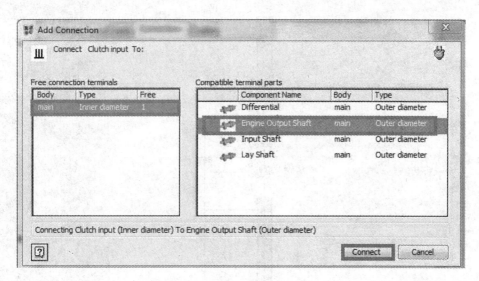

图 3-101

● 在弹出的对话框中输入如表 3-14 所列示例 Offset（偏置距离）值为 0。点击【OK】按钮，返回到如图 3-102 所示对话框，发现 Engine Output Shaft（发动机输出轴）已经出现在【Connections】（连接件）列表中。

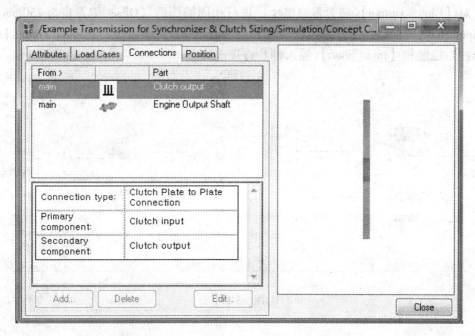

图 3-102

● 点击【Close】按钮，关闭该对话框。
● 打开【Engine Output Shaft】（发动机输出轴）子装配 2D 模型图（见图 3-103）会发现，【Clutch Input】（离合器输入片）已经和【Engine Output Shaft】（发动机输出轴）连接成功。

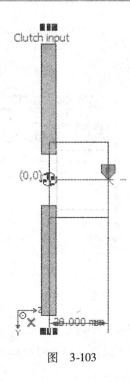

图　3-103

● 对【Clutch Output】（离合器输出片）进行相同操作后（Offset 偏置量为 250mm），打开【Input Shaft】（输入轴）子装配 2D 模型图（见图 3-104）会发现，【Clutch Output】（离合器输出片）已经和【Input Shaft】（输入轴）连接成功。

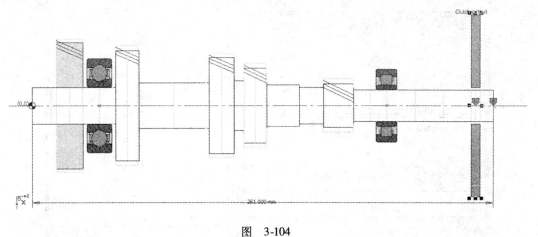

图　3-104

3.7　同步器建模

使用 RomaxDesigner 软件建立变速器模型时，需要在相邻两挡的被动齿轮之间安装同步器来实现挡位切换，从而使从发动机输出的转矩和转速以理想可控的方式传递到驱动桥。本节讲述 RomaxDesigner12.7.0 中概念同步器的创建。

3.7.1 输入数据

以已有的变速器模型 TRX4. ssd 为基础创建一个完整的概念同步器单元。此处仅以一挡/二挡齿轮换挡同步器为例来介绍如何创建同步器模型。在将同步器连接到一挡/二挡齿轮之前，齿轮是以简单的概念离合连接在中间轴上，挡位的切换如同开关切换，不具备同步过程。创建同步器正是用来替换这种简化模型，以使分析更贴近实际情况。同步器零部件的详细输入参数如下：

1. 一挡/二挡同步器滑接齿套输入参数见表 3-15 和表 3-16。

表 3-15　一挡/二挡同步器滑接齿套基本参数（一）

材　料	低 碳 钢	材　料	低 碳 钢
安装位置	距中间轴原点 154mm	滑套质量（手动设置）	0.21127kg
左位移	6mm	滑套转动惯量（手动设置）	545kg·mm^2
右位移	6mm		

表 3-16　一挡/二挡同步器滑接齿套基本参数（二）

滑接齿套纵截面	点	X，Y 坐标（mm）
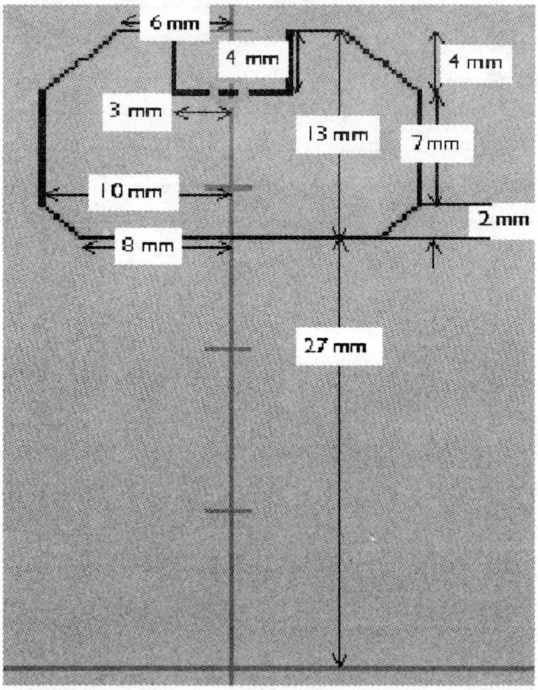	1	0，36
	2	3，36
	3	3，40
	4	6，40
	5	10，36
	6	10，29
	7	8，27
	8	−8，27
	9	−10，29
	10	−10，36
	11	−6，40
	12	−3，40
	13	−3，36

2. 一挡／二挡同步器输入参数见表 3-17。

表 3-17　一挡／二挡同步器输入参数

	一挡同步器	二挡同步器
杠杆比	10	10
连接效率（%）	90	90
花键高度/mm	2	1
花键齿根圆直径/mm	53	59
倒锥夹角 B（°）	100	120
同步环/倒锥摩擦因数	0.110	0.110
同步环外缘直径 D/mm	50	58
花键齿数	28	26
导引角(°)	4	3
滑套花键端部和同步环花键端部轴向距离/mm	2	2

3. 一挡／二挡同步器锥体输入参数见表 3-18。

表 3-18　一挡／二挡同步器锥体输入参数

	一挡同步器	二挡同步器
锥面数	2	1
锥角（°）	7	5
锥体名义直径 E/mm	No 1：46，No 2：44	55
内倒角 G/mm	1	1
外倒角 H/mm	1	1
动态摩擦因数	0.1	0.1
静态摩擦因数	0.11	0.1
有效接触直径/mm	56	62
接触长度/mm	10	10
Area Factor（面积系数）	1	1

上述表格中术语描述如图 3-105 所示。

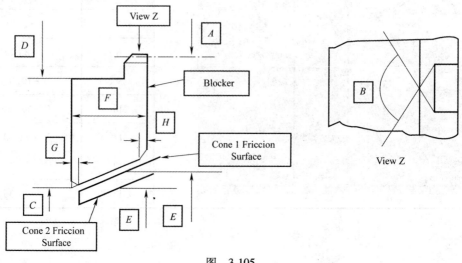

图　3-105

3.7.2 创建概念同步器

创建概念同步器单元包括以下四个步骤：

1) 创建同步器单元。

2) 定义同步器滑接齿套纵截面。

3) 定义同步器子部件及锥面。

4) 连接同步器到对应的齿轮上。

1. 创建同步器单元

● 在 RomaxDesigner12.7.0 软件中打开模型 TRX4.ssd，激活设计窗口，双击打开【Lay Shaft Assembly】（中间轴装配件）工作界面，在菜单栏中选择【Components】（部件）→【Add New Assembly/Component…】（添加新装配件/部件），如图 3-106 所示。

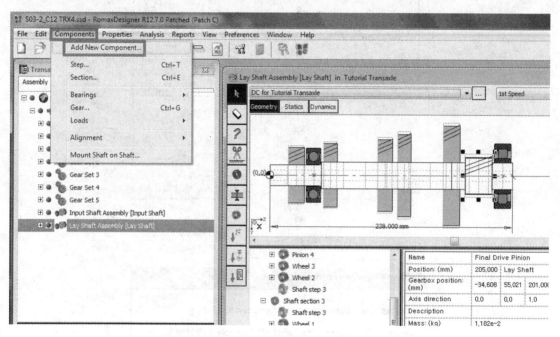

图 3-106

● 在弹出如图 3-107 所示的对话框中选择【Synchronizer Unit】（同步器单元），点击【OK】按钮。

● 在弹出的图 3-108 所示的对话框中 Name 栏输入【1st/2nd Gear Synchronizer Unit】（一挡/二挡齿轮换挡同步器），点击【OK】按钮。

● 在弹出窗口（见图 3-109）中 Offset（偏置距离）一栏输入 154，点击【OK】按钮。

● 在弹出窗口（见图 3-110）中【Handball】（拨叉）一栏中，【Lever ratio】（杠杆比）值输入 10，【Shift link efficiency】（换挡效率）值输入 90；在【Motion】（位移）栏中，【To left】（左位移）值输入 6mm，【To right】（右位移）值输入 6mm，点击【OK】按钮。

New Part
Components:
Load Case Dependent Rigid Connection
Clearance Bearing
Point Load Moment
Power Load
Wheel Power Load
Gear Load
Belt Load
Dynamic Rotor Disc
Synchronizer Unit
Planetary Shaft Carrier
Marker Node
Single/Double synchronizer unit
OK
Cancel

图　3-107

Create NewSynchronizer Unit
Enter name and description of newSynchronizer Unit
This part will be placed in the Lay Shaft Assembly [Lay Shaft]
Name:
1st/2nd Gear Synchronizer Unit
Description:
OK
Cancel

图　3-108

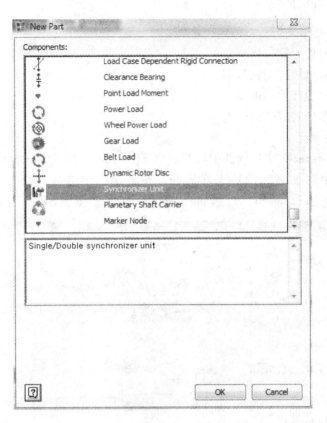

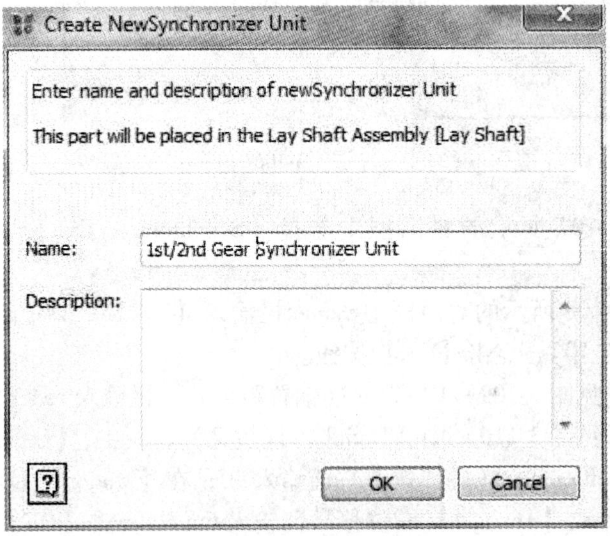

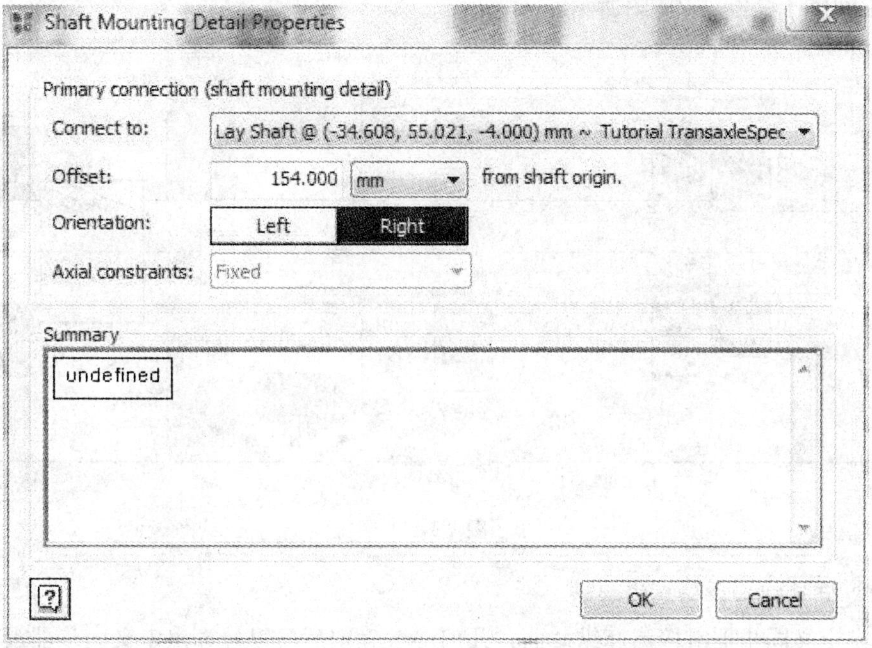

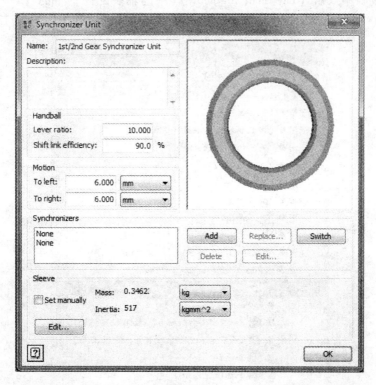

图　3-109

图　3-110

完成上述操作后，同步器单元已加在【Lay Shaft Assembly】（中间轴装配件）上，如

图 3-111中间轴子装配件 2D 图所示。

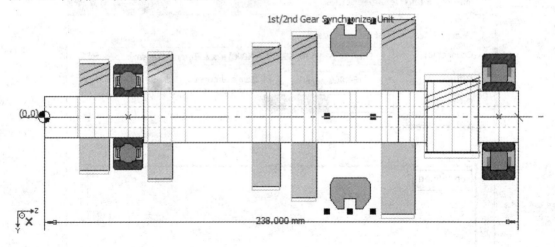

图　3-111

2. 定义同步器滑接齿套纵截面

下面将定义同步器滑接齿套纵截面，几何参数确定后可以计算出定义同步器滑接齿套的转动惯量。

● 在设计窗口中双击【Lay Shaft Assembly】（中间轴装配件）下的【1st/2nd Gear Synchronizer Unit】（一挡/二挡齿轮换档同步器），如图 3-112 所示。弹出如图 3-113 所示的窗口。

图　3-112

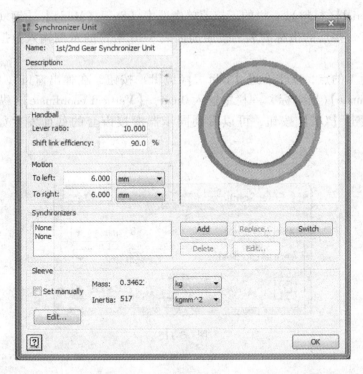

图 3-113

• 点击左下角的【Edit…】（编辑）按钮，弹出如图 3-114 所示的对话框。

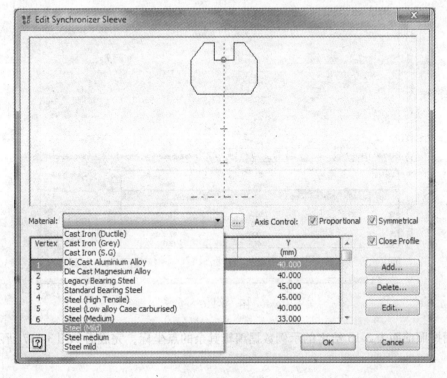

图 3-114

●在【Material】（材料）一栏的下拉菜单中选中【Steel（Mild）】【钢（中碳钢）】。在此对话框下部有一些点的坐标列表，按照前面表 3-16 给定的示例输入数据重新定义这些坐标。

例如序号为 1 的点，点击右边【Edit...】（编辑）按钮，在弹出窗口（见图 3-115）中的【Axial coordinate】（横坐标）一栏中输入 0mm，【Vertical coordinate】（纵坐标）一栏中输入 36mm。点击【OK】按钮，可以看到同步器滑接齿套的截面发生如图 3-116 所示变化。

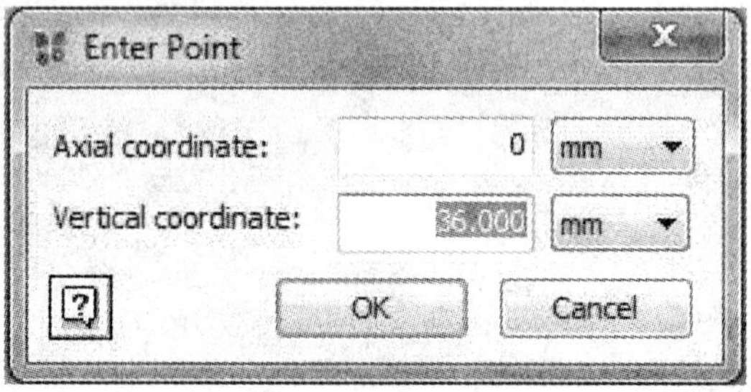

图　3-115

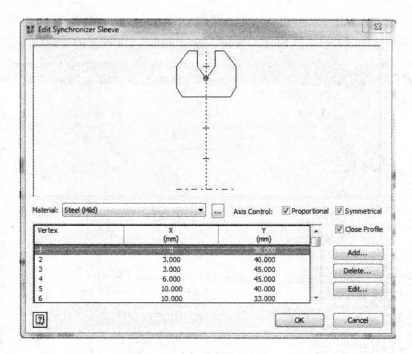

图　3-116

下面按照前面表 3-16 给定的示例数据编辑其余的点坐标，完成后如图 3-117 所示。

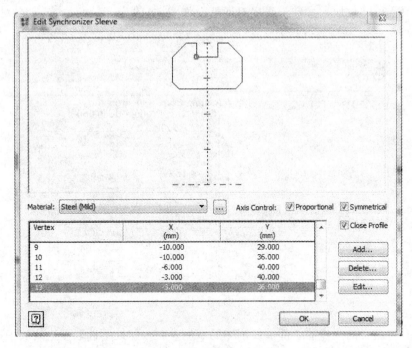

图　3-117

- 点击【OK】按钮，完成同步器滑接齿套纵截面的定义。

3. 定义同步器子部件及锥面

- 接上一步，点击【OK】按钮后返回到如图 3-118 所示的对话框。

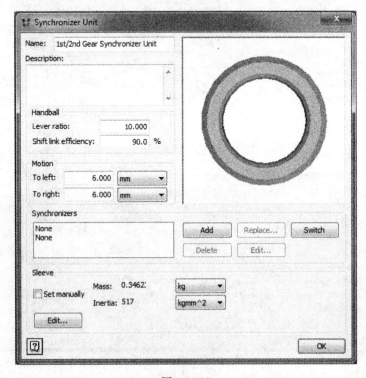

图　3-118

● 点击【Add】（添加）按钮，弹出对话框，如图 3-119 所示。

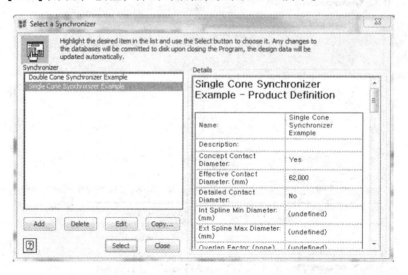

图　3-119

● 由于有自定义的同步器子部件及锥体的示例参数，此处不选取左边列表中的示例，点击左下角【Add】（添加）按钮，弹出对话框，如图 3-120 所示。

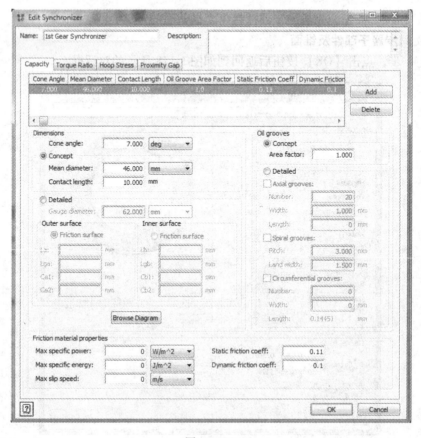

图　3-120

● 在【Name】(名称) 栏输入【1st Gear Synchronizer】(一挡齿轮同步器), 点击【Capacity】(容量) 按钮, 在【Capacity】(容量) 栏输入图 3-120 所示数据。

● 点击【Torque Ratio】(转矩比) 按钮, 在【Torque Ratio】(转矩比) 栏中输入如图 3-121 所示数据。

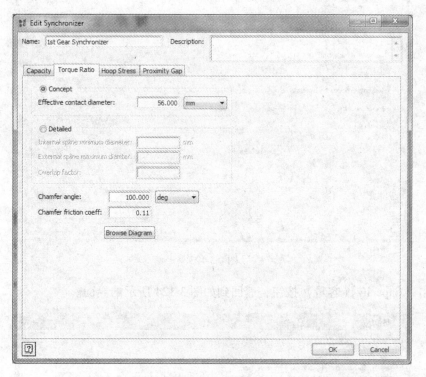

图 3-121

● 点击【Hoop Stress】(锥环应力) 按钮, 在【Hoop Stress】(锥环应力) 栏中输入如图 3-122 所示数据。

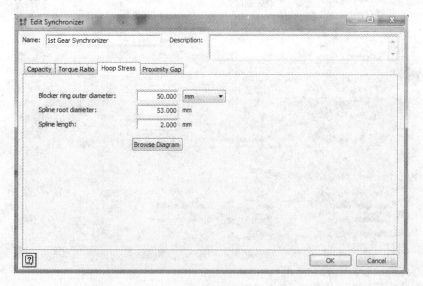

图 3-122

● 点击【Proximity Gap】（后备量）按钮，在【Proximity Gap】（后备量）栏中输入如图 3-123 所示数据。

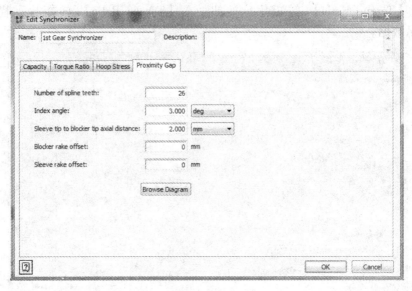

图　3-123

● 点击【Capacity】（容量）按钮，返回到如图 3-124 所示的界面。

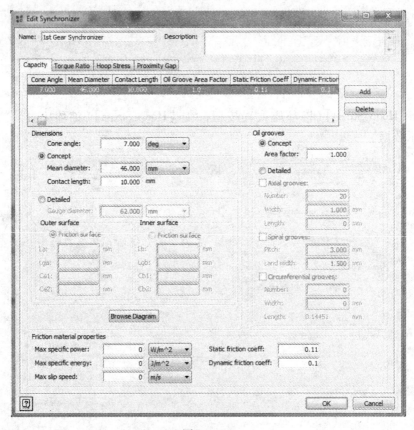

图　3-124

● 因为【1st Gear Synchronizer】(一挡齿轮同步器) 是双锥同步器, 所以需要增加另一个锥面。点击【Add】(添加) 按钮, 在【Capacity】(容量) 栏输入如图 3-125 所示数据。

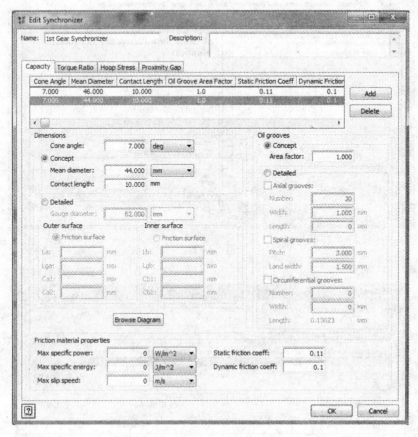

图　3-125

● 点击【OK】按钮, 弹出如图 3-126 所示提示框。

图　3-126

● 点击【Yes】按钮, 返回到如图 3-127 所示界面。

● 点击【Add】(添加) 按钮, 在弹出的窗口 (见图 3-128) 中的【Name】(名称) 栏输入【2nd Gear Synchronizer】(二挡齿轮同步器), 点击【Capacity】(容量) 按钮。因为此处为单锥, 所以选中第二行, 点击【Delete】(删除) 按钮删除该行。在【Capacity】(容量) 栏输入如图 3-128 所示数据。

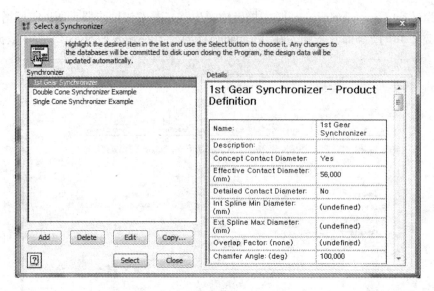

图　3-127

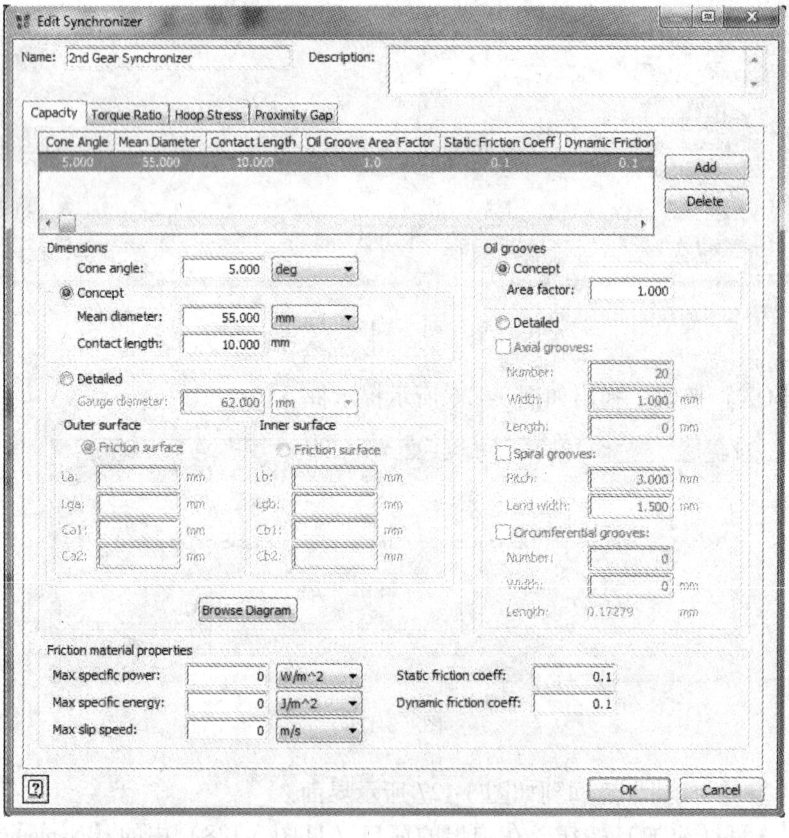

图　3-128

• 点击【Torque Ratio】(转矩比) 按钮，在【Torque Ratio】(转矩比) 栏中输入如图 3-129所示数据。

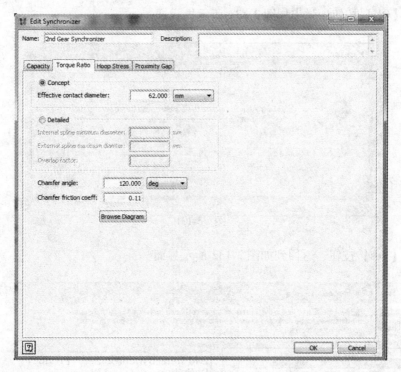

图　3-129

● 点击【Hoop Stress】（锥环应力）按钮，在【Hoop Stress】（锥环应力）栏中输入如图 3-130所示数据。

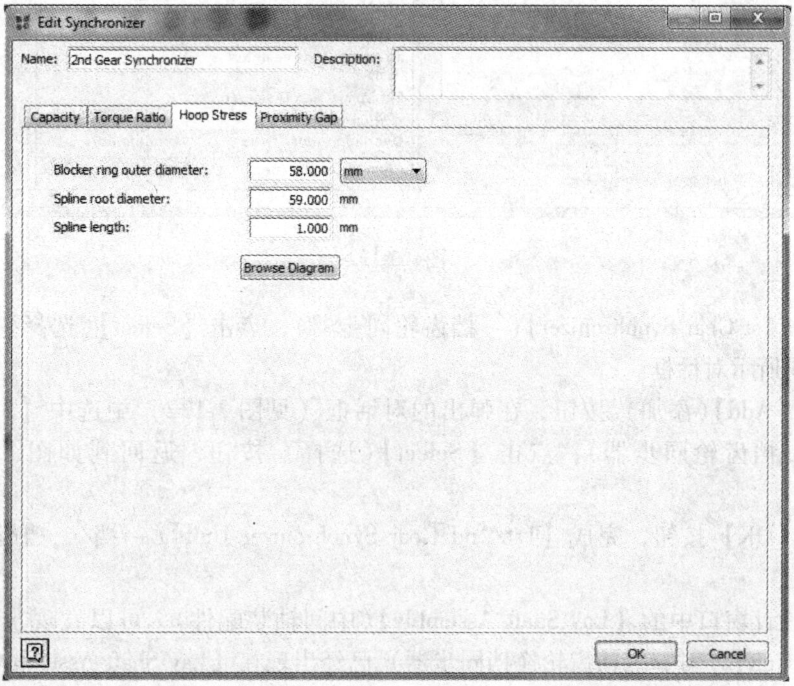

图　3-130

●点击【OK】按钮，弹出如图 3-131 所示提示框。

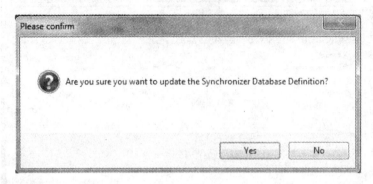

图　3-131

●点击【Yes】按钮，返回到如图 3-132 所示界面。

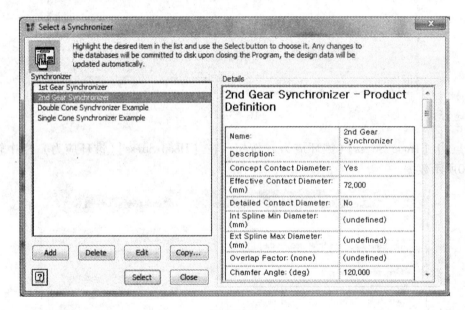

图　3-132

●选中【1st Gear Synchronizer】（一挡齿轮同步器），点击【Select】（选择）按钮，返回到如图 3-133 所示对话框。

●点击【Add】（添加）按钮，在弹出的对话框（见图 3-132）中选中【2nd Gear Synchronizer】（二挡齿轮同步器），点击【Select】（选择）按钮，返回到如图 3-134 所示对话框。

●点击【OK】按钮，完成【1st/2nd Gear Synchronizer Unit】（一挡/二挡齿轮换挡同步器）定义。

●双击设计窗口中的【Lay Shaft Assembly】（中间轴装配件），可以发现【1st/2nd Gear Synchronizer Unit】（一挡/二挡齿轮换挡同步器）已经出现在【Lay Shaft Assembly】（中间轴装配件）的 2D 图（见图 3-135）中。

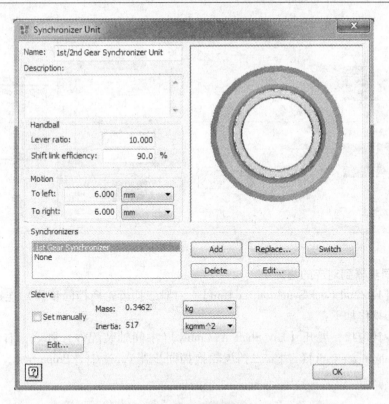

图　3-133

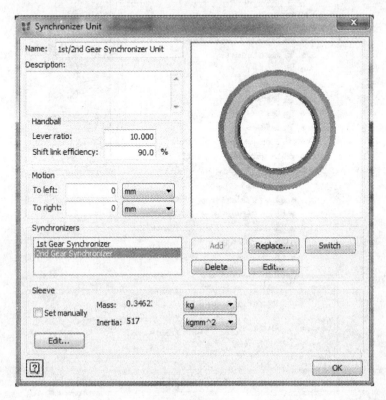

图　3-134

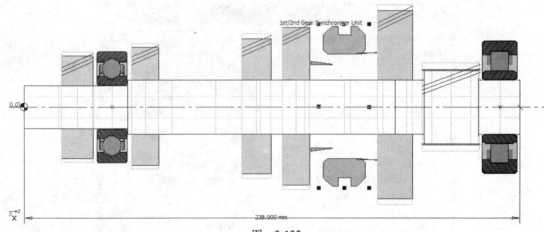

图　3-135

4. 连接同步器到对应的齿轮上

现在把【1st/2nd Gear Synchronizer Unit】（一挡/二挡齿轮换挡同步器）连接到一挡和二挡齿轮副上。操作如下：

● 激活设计窗口，展开【Lay Shaft Assembly】（中间轴装配件）列表，右键点击【1st/2nd Gear Synchronizer Unit】（一挡/二挡齿轮换挡同步器），选中【Properties...】（属性），如图3-136所示。

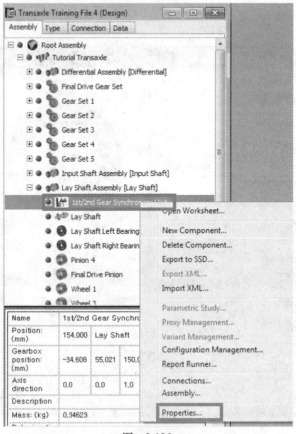

图　3-136

● 在弹出窗口（见图 3-137）中选择【Connections】（连接件）选项卡，点击【Add…】（添加）按钮。

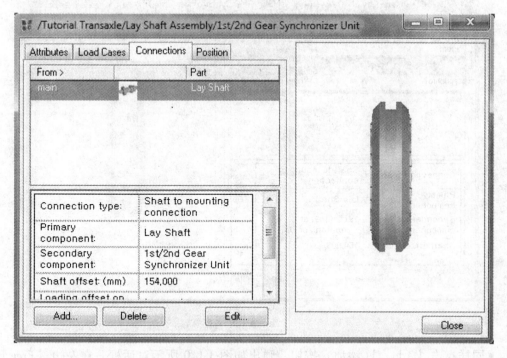

图　3-137

● 在弹出如图 3-138 所示对话框中，左边【Free connection terminals】（自由连接终端）栏中选中【Synchro1】（同步器 1），在右边【Compatible terminal Parts】（兼容终端零件）栏中选中【Wheel1】（大齿轮 1），点击【Connect】（连接）按钮。

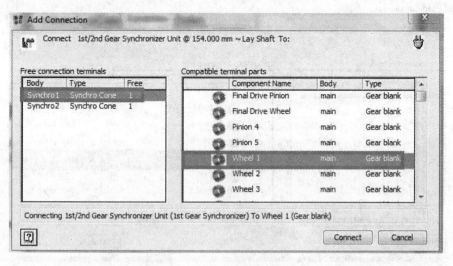

图　3-138

即回到如图 3-139 所示窗口。

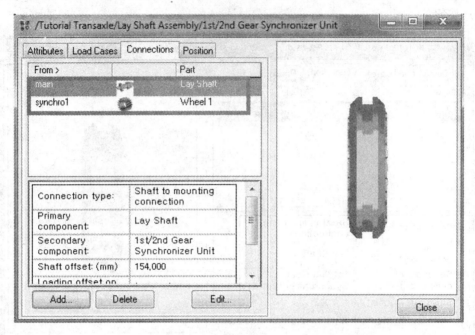

图　3-139

●同样点击【Add...】(添加) 按钮，弹出如图 3-140 所示对话框。在左边【Free con-
nection terminals】(自由连接终端) 栏中选中【Synchro2】(同步器 2)，在右边【Compatible
terminal Parts】(兼容终端零件) 栏中选中【Wheel2】(大齿轮 2)，点击【Connect】(连接)
按钮。

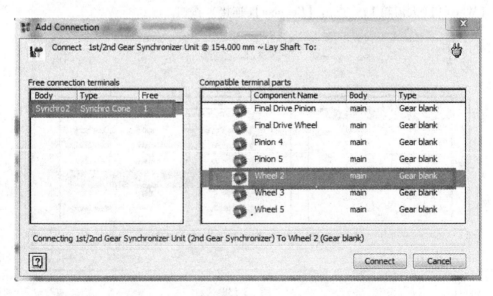

图　3-140

●回到图 3-141 所示窗口。

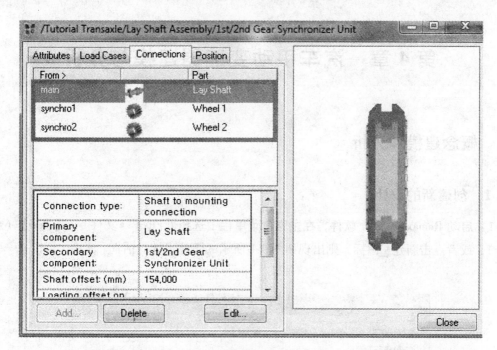

图　3-141

● 点击【Close】按钮，完成概念同步器单元的连接。

第4章 汽车手动变速器建模与分析

4.1 概念建模和分析

4.1.1 创建新的设计

1）启动 RomaxDesigner 软件，在主窗口菜单栏中选择【File】（文件）→【New】（新建命令），或者点击新建□图标，则出现如图 4-1 所示的新建设计对话框。

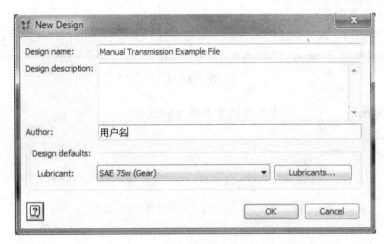

图 4-1

2）输入名字：Manual Transmission Example File（手动变速器示例文件）。

3）输入作者：用户名（默认为电脑名）。

4）润滑类型：从下拉菜单中选择【SAE 75W（Gear）】或者其他适合具体需求的选项。

5）点击【OK】按钮。

4.1.2 创建齿轮箱

1）在主窗口菜单中选择【Components】（部件）→【Add New Assembly/Component...】（添加装配件/部件）命令，弹出如图 4-2 所示的对话框，选择【Gearbox Assembly】（齿轮箱装配件）选项，点击【OK】按钮。

2）弹出图 4-3 所示的窗口，选择【Empty】（空齿轮箱），并点击【OK】按钮。

3）在弹出的图 4-4 所示的窗口中输入齿轮箱名称：5 speed transaxle（5 挡变速器），点击【OK】按钮。

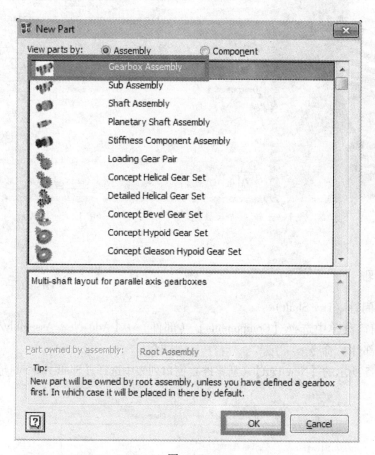

图　4-2

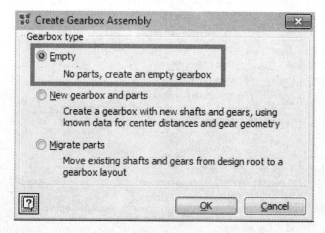

图　4-3

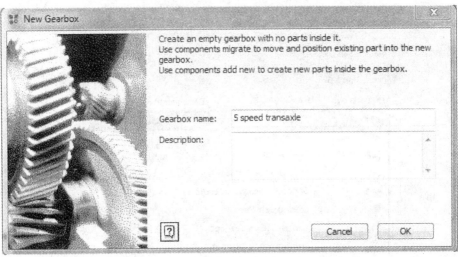

图　4-4

4.1.3　创建轴

1. 创建中间轴（Lay Shaft）

1）在主窗口菜单中选择【Components】（部件）→【Add New Assembly/Component…】（添加装配件/部件）命令。

2）在图 4-5 所示的【New Part】（新零件）窗口列表中选择【Shaft Assembly】（轴装配件）。

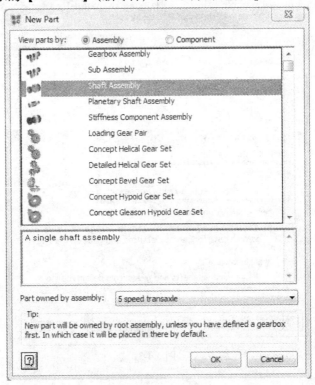

图　4-5

3）在【Part owned by assembly】（零件所属装配件）下拉菜单中选择【5 speed transaxle】（五挡变速器）。

4）点击【OK】按钮。

5）弹出如图 4-6 所示的窗口，输入轴名称：Lay Shaft（中间轴）；输入长度：238mm；输入名义外径：25mm；此处材料和表面处理两栏就选默认值。

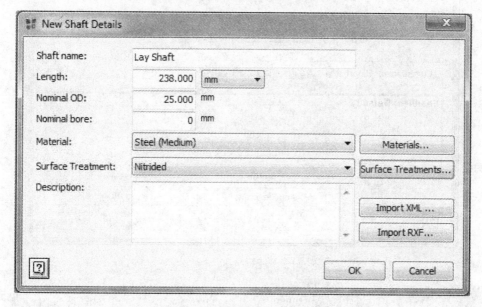

图　4-6

6）点击【OK】按钮，得如图 4-7 所示的中间轴。

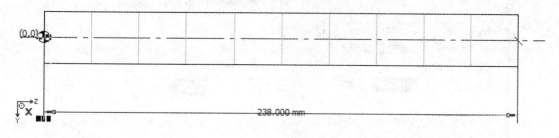

图　4-7

7）定义轴段，操作如下：

● 在主窗口菜单中选择【Components】（部件）→【Step...】（阶梯）命令，或者点击装配件工作表中左侧工具栏的 ✂ 图标。

● 在轴上大概位置处点击，打开如图 4-8 所示的对话框。

● 输入偏置距离 Offset：50mm，点击【OK】按钮。

8）调整整个轴段的直径

● 点击装配件工作表左侧菜单栏中的 � 图标。

● 在 Lay shaft assembly（中间轴装配件）模型中双击 Section 1（轴段1），弹出图4-9 所

示的对话框。

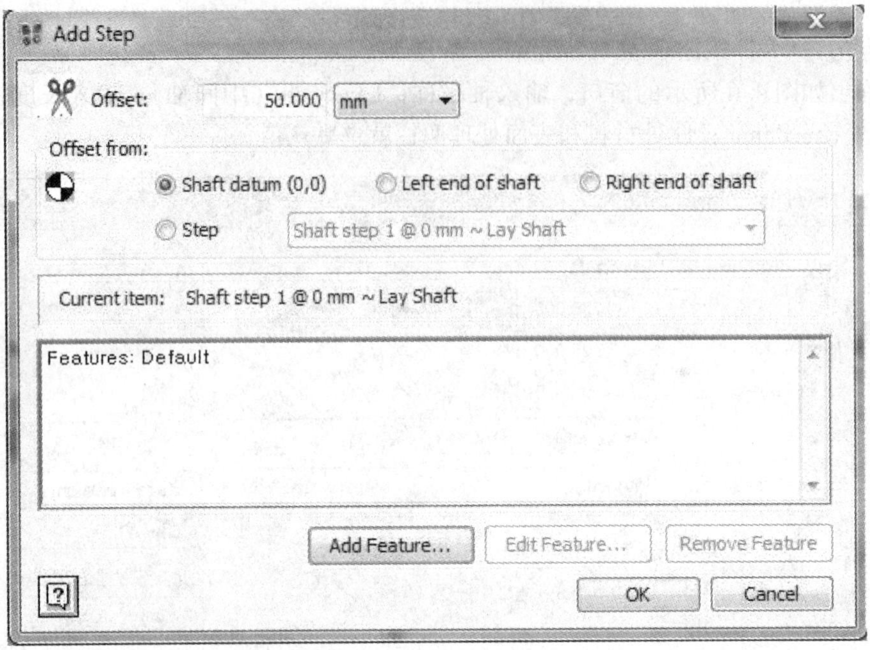

图 4-8

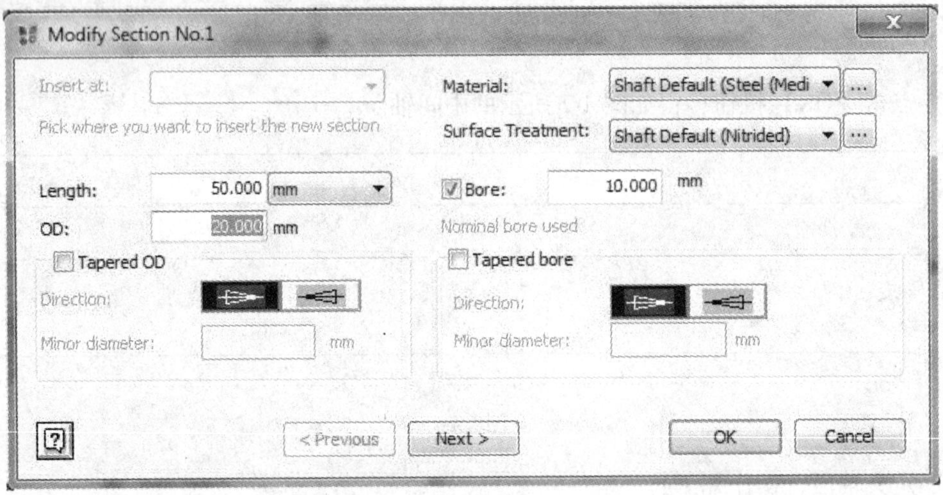

图 4-9

- 输入外径 OD = 20mm。
- 选择内孔标签，并输入孔径 Bore = 10mm。
- 点击【OK】按钮。

注意：① 可以选择 Tapered OD（锥孔外径）和 Tapered bore（锥孔内径）标签来定义锥面和锥形内孔，此处暂不详述，在输出轴建模部分会详述。② 此时为该轴的坐标参考点，但用户可以对此参考点进行修改。③ 此时左端位置为 0 的轴段自动编号为 1，用户更改的

50mm 处编号为 2，以此类推。

根据表 4-1 逐一完成整个轴段的定义。

表 4-1　中间轴尺寸参数　　　　　　　　　　（单位：mm）

Section（轴段）	Offset（偏置距离）	Length（长度）	OD（外径）	Bore（内径）	Material（材料）
1	0	50	20	10	Steel（Medium）（中碳钢）
2	50	128	25	10	Steel（Medium）（中碳钢）
3	178	13	25	0	Steel（Medium）（中碳钢）
4	191	28	34.4	0	Steel（Medium）（中碳钢）
5	219	19	25	0	Steel（Medium）（中碳钢）

9）重复操作，完成所有轴段的直径定义。完成后 Lay shaft assembly（中间轴装配件）2D 图如图 4-10 所示。

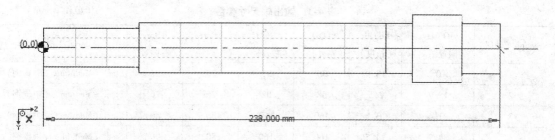

图　4-10

2. 创建输入轴（Input Shaft）

创建输入轴（Input Shaft）方法同上，尺寸参数见表 4-2。

表 4-2　输入轴尺寸参数　　　　　　　　　　（单位：mm）

Section（轴段）	Offset（偏置距离）	Length（长度）	OD（外径）	Bore（内径）	Material（材料）
1	0	48	20	0	Steel（Medium）（中碳钢）
2	48	13	60.3	0	Steel（Medium）（中碳钢）
3	61	40	18	0	Steel（Medium）（中碳钢）
4	101	14	52.5	0	Steel（Medium）（中碳钢）
5	115	5.5	27	0	Steel（Medium）（中碳钢）
6	120.5	13	41.3	0	Steel（Medium）（中碳钢）
7	133.5	18.5	23	0	Steel（Medium）（中碳钢）
8	152	13.5	18	0	Steel（Medium）（中碳钢）
9	165.5	17	23.8	0	Steel（Medium）（中碳钢）
10	182.5	58.5	17	0	Steel（Medium）（中碳钢）

完成后 Input shaft assembly（输入轴装配件）2D 图如图 4-11 所示。

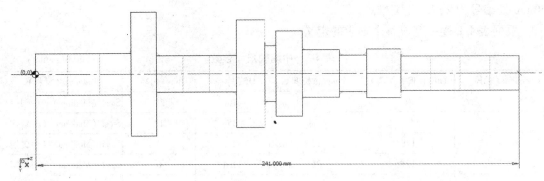

图 4-11

3. 创建输出轴（Output Shaft）

创建输出轴（Output Shaft）方法同上，输入参数见表4-3。

表4-3 输出轴尺寸参数 （单位：mm）

Section（轴段）	Offset（偏置距离）	Length（长度）	LOD（左外径）	ROD（右外径）	LBore（左内径）	RBore（右内径）	Material（材料）
1	0	18.9	35	35	26	26	Steel（Medium）（中碳钢）
2	18.9	2.5	58	82	26	26	Steel（Medium）（中碳钢）
3	21.4	13.5	160	160	50	80	Steel（Medium）（中碳钢）
4	34.9	14.5	160	160	80	90	Steel（Medium）（中碳钢）
5	49.4	36.3	108	108	90	90	Steel（Medium）（中碳钢）
6	85.7	9	100	93	90	80	Steel（Medium）（中碳钢）
7	94.7	9	93	86	80	50	Steel（Medium）（中碳钢）
8	103.7	8	76	76	26	26	Steel（Medium）（中碳钢）
9	111.7	19.3	35	35	26	26	Steel（Medium）（中碳钢）

完成后输入轴装配件（Input shaft assembly）2D 图如图 4-12 所示。

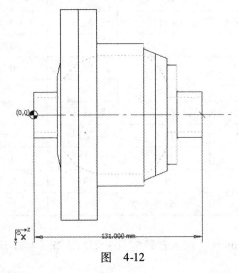

图 4-12

4.1.4　添加轴承

1. 输入轴（Input Shaft）

输入轴由两个轴承支承。具体信息见表 4-4。

表 4-4　输入轴轴承信息

Bearing（轴承）	Type（类型）	SKF Catalog Designation（SKF 目录型号）	offset（偏置距离）/（mm）
1	Radial ball（向心球）	6304	38.5
2	Cylindrial（圆柱滚子）	NU203EC	201.5

● 在主窗口菜单中选择【Components】（部件）→【Bearings】（轴承）→【Rolling Element...】（滚动轴承）命令，或者点击装配件工作表左侧菜单栏中的 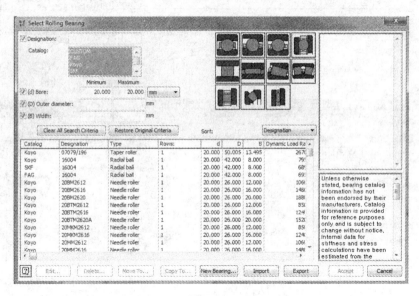 图标。

● 在轴上轴承安装的大概位置处单击，则弹出如图 4-13 所示对话框。

图　4-13

● 选中 Catalog（目录）栏中的【SKF】，点击 图标。

● 在 Designation（型号）栏输入编号【6304】，并在轴承列表中选中【6304】，如图 4-14 所示，点击【Accept】（接受）按钮。

● 在弹出的图 4-15 所示窗口中的【General】（总体）选项的【Name】（名称）行输入 Input shaft left bearing（输入轴左轴承），点击【OK】按钮。

● 点击【Connection】（连接）选项，在图 4-16 所示窗口中的【Offset】（偏置距离）栏中输入 38.5，点击【OK】按钮。

至此，轴承 1 的选择和定位完成。采用同样方法选择并定位轴承 2。完成后的输入轴装配件（Input shaft assembly2D）图如图 4-17 所示。

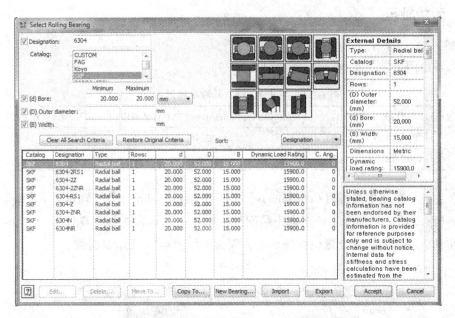

图　4-14

图　4-15

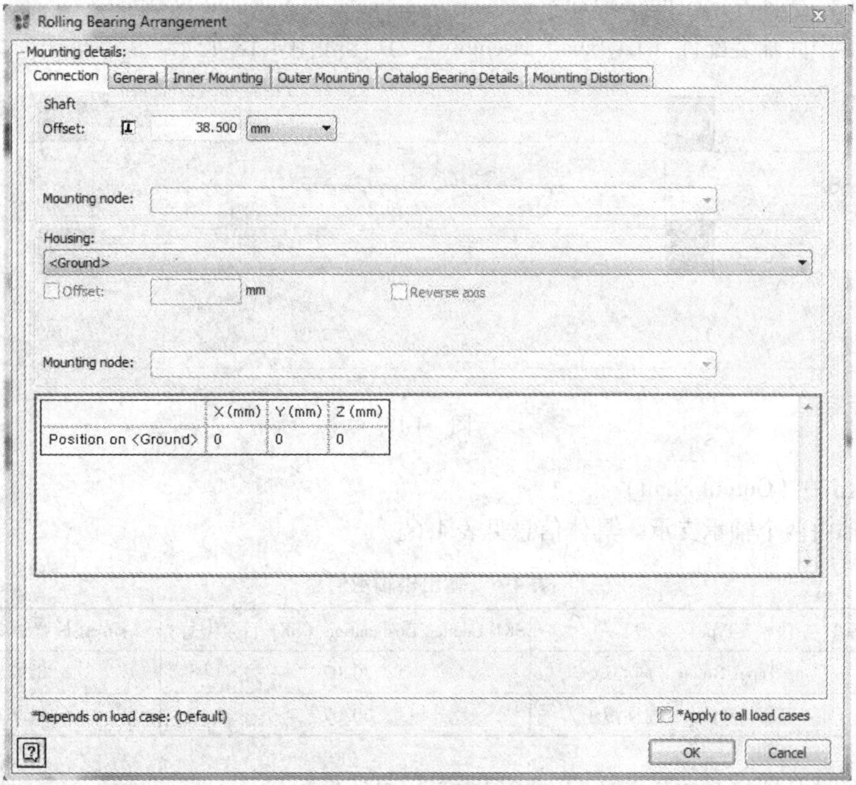

图　4-16

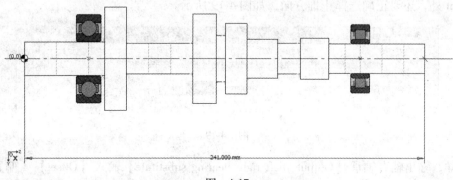

图　4-17

2. 中间轴（Lay Shaft）

中间轴也是由两个轴承支承的。具体信息见表4-5。

表 4-5　中间轴轴承信息

Bearing（轴承）	Type（类型）	SKF Catalog Designation（SKF 目录型号）	offset（偏置距离）/（mm）
1	Radial ball（向心球）	6304	42.5
2	Cylindrial（圆柱滚子）	NU205EC	228.5

同样方法选择并定位两个轴承。

完成后中间轴装配件（Lay shaft assembly）2D 图如图 4-18 所示。

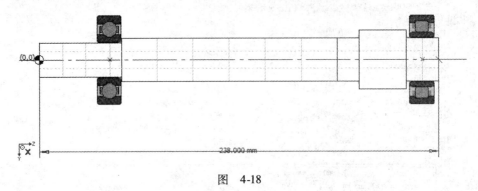

图　4-18

3. 输出轴（Output Shaft）

输出轴由两个轴承支承。具体信息见表 4-6。

表 4-6　输出轴轴承信息

Bearing（轴承）	Type（类型）	SKF Catalog Designation（SKF 目录型号）	offset(偏置距离)/(mm)
1	Taper Roller（向心球）	30207	8.975
2	Taper Roller（圆柱滚子）	30207	121.625

圆锥轴承的选择和定位方法同上，但需要注意的是：

输出轴左轴承【Output shaft left bearing substitute】除了要输入【Offset】（偏置距离）值 8.975mm 外，还要正确选择止推方向，如图 4-19 所示。

图　4-19

同样，输出轴右轴承【Output shaft right bearing substitute】输入【Offset】（偏置距离）值 121.625mm，正确的止推方向如图 4-20 所示。

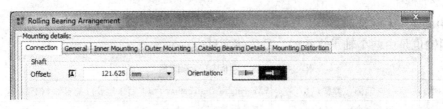

图　4-20

完成后的输出轴装配件（Output shaft assembly）2D 图如图 4-21 所示。

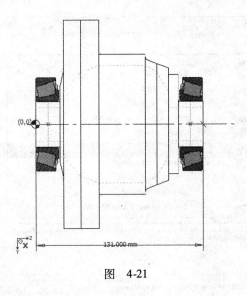

图　4-21

4.1.5　齿轮副概念模型建模

注意：本节将用有限的输入数据定义概念齿轮副模型。目前只研究施加在轴上的齿轮载荷。不需要研究齿轮应力所必需的数据，如齿轮材料、齿根圆角半径等。这些参数将在概念齿轮副转化成详细齿轮副过程中加入进来。

1. 一挡齿轮副

（1）概念齿轮模型建模　一挡输入轴（Input Shaft）和中间轴（Lay Shaft）是通过一对概念斜齿轮副来传递动力的。这对概念斜齿轮副的输入数据见表4-7。

表 4-7　概念齿轮副输入数据

参　　数	详 细 信 息
Helix Angle（螺旋角）（°）	27°
Pinion Hand（小齿轮旋向）	右
Normal Module（模数）/mm	2.185
Normal Pressure Angle（压力角）（°）	20
Ratio（Wheel/Pinion）［齿数比（大齿轮/小齿轮）］	41/12
Face Width（齿宽）/mm	17，两轮齿宽相同
Pinion mounted at（小齿轮安装位置）/mm	174，输入轴
Wheel mounted at（大齿轮安装位置）/mm	178，中间轴
Mounting of Pinion（小齿轮安装方式）	与轴固定连接
Mounting of Wheel（大齿轮安装方式）	通过概念同步器连接

● 点击激活设计窗口，在主菜单中选择【Components】（部件）→【Add New Assembly/Component…】（添加装配件/部件）。

● 在弹出的 New Part（新零件）对话框（见图4-22）列表中选择【Concept Helical Set】（概念斜齿轮副）。

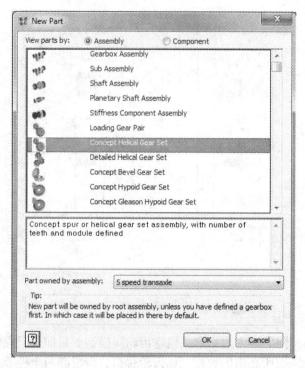

图　4-22

- 点击【OK】按钮。
- 在弹出的对话框（见图 4-23）中输入相应数据。

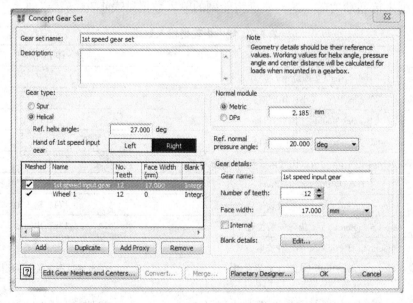

图　4-23

在齿轮副名称（Gear set name）栏输入 1st speed gear set（一挡齿轮副）。

1）在对话框左下角的齿轮列表栏中选中【Pinion 1】（小齿轮 1），然后输入下列数据：

① 在右侧 Gear name（齿轮名称）栏输入【1st speed input gear】（一挡输入齿轮）。

② 输入齿数（Number of teeth）=12。

③ 输入齿宽（Face width）=17。

④ 选择齿轮类型：Helical。

⑤ 输入螺旋角（Ref. Helix Angle）=27°。

⑥ 选择齿轮副旋向（Hand of 1st speed input gear）：按 Right 按钮。

⑦ 选择模数（Normal Module）类型：Metric。

⑧ 输入模数（Normal Module）=2.185。

⑨ 输入压力角（Ref. Pressure Angle）=20°。

2）在对话框左下角的齿轮列表栏中选中【Wheel 1】（大齿轮 1），然后输入以下数据：

① 在右侧 Gear name（齿轮名称）栏输入【1st speed Output gear】（一挡输出齿轮）。

② 输入齿数（Number of teeth）=41。

③ 输入齿宽（Face width）=17。

④ 选择齿轮类型：Helical。

⑤ 输入螺旋角（Ref. Helix Angle）=27°。

⑥ 选择齿轮副旋向（Hand of 1st speed input gear）：按 Right 按钮。

⑦ 选择模数（Normal Module）类型：Metric。

⑧ 输入模数（Normal Module）=2.185。

⑨ 输入压力角（Ref. Pressure Angle）=20°。

如图 4-24 所示。

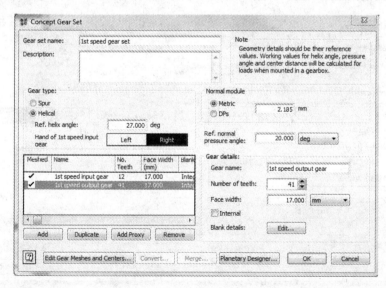

图　4-24

• 点击【OK】按钮。

此时会发现概念斜齿轮副（1st speed gear set）出现在设计窗口的装配件列表里，如图 4-25 所示。但此时概念斜齿轮副只是独立的齿轮副，尚未安装于轴上。

（2）概念齿轮与轴的连接　一挡小齿轮（1st speed Input gear）安装在输入轴（Input

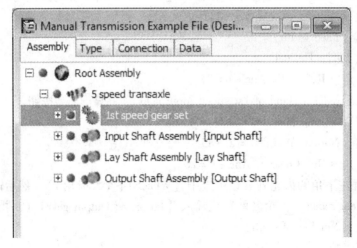

图　4-25

Shaft) 上，大齿轮 (1st speed Output gear) 安装在中间轴 (Lay Shaft) 上。

1) 首先将小齿轮 (1st speed Input gear) 安装在输入轴 (Input Shaft) 上。

● 从设计窗口打开输入轴装配件 "Input Shaft assembly" 的工作表。

● 在主窗口菜单中选择【Components】(部件)→【Gear】(齿轮) 命令，或者点击装配件工作表左侧菜单栏的 图标。

● 在轴上大概位置处单击，弹出如图 4-26 所示对话框。

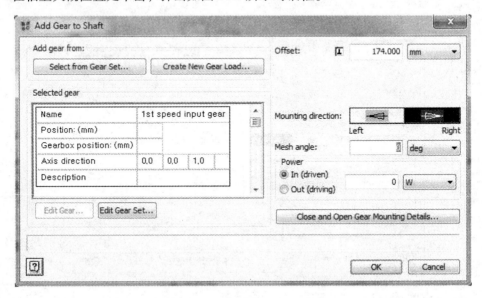

图　4-26

● 点击【Select from Gear Set...】(从齿轮副选择)，在弹出的图 4-27 所示的对话框中选择【1st speed input gear】(一挡输入齿轮)，点击【Select】(选择) 按钮。

● 回到图 4-26 所示对话框，在 offset (偏置距离) 栏输入 174mm，点击【OK】按钮。

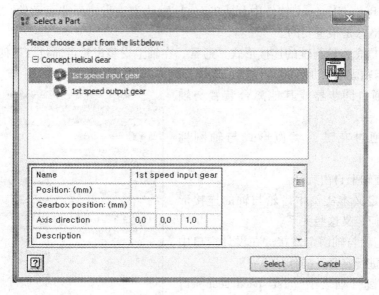

图　4-27

完成上述操作后，小齿轮已经连接在输入轴上，如图 4-28 所示。

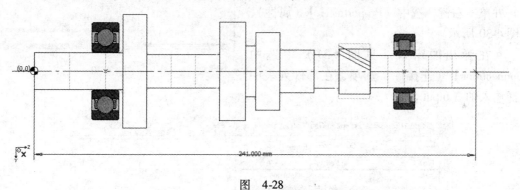

图　4-28

2）用同样的方法将大齿轮（1st speed Output gear）安装在中间轴（Lay Shaft）上。操作完的 2D 图如图 4-29 所示。

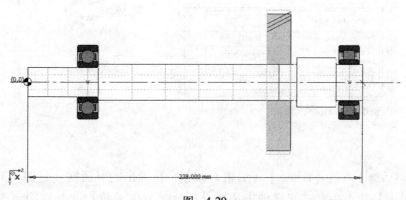

图　4-29

注意：在 RomaxDesigner 软件中，【Pinion】默认为小齿轮而非驱动轮。当定义变速器时，明确这个概念是很重要的。

（3）定义概念齿轮与轴的连接形式　通常，在轴上安装齿轮可通过以下四种方式进行：

1）齿轮与轴固联（加工成齿轮轴或以焊接的方式固定连接）。

2）齿轮通过同步器或其他离合装置与轴连接。

3）齿轮通过花键或类似形式与轴刚性连接。

4）齿轮在轴上自由旋转。

下面通过定义本实例中齿轮与轴的连接形式，来演示如何定义这些关系。

1）定义齿轮与轴固定连接。在设计窗口中通过部件属性进行定义，操作如下：

● 点击装配件列表中【1st speed gear set】（一挡速度齿轮副）左侧的 ➕ 图标。

● 选中【1st speed Input gear】（一挡输入齿轮）并单击右键，选中【Properties...】（属性），如图 4-30 所示。

● 在弹出的窗口（见图 4-31）中选中【Connections】（连接件）选项，在部件列表中选择输入轴（Input Shaft）。

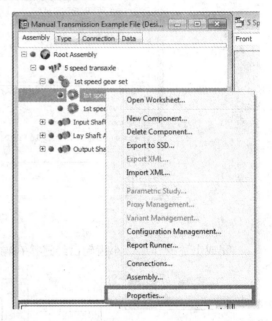

图　4-30

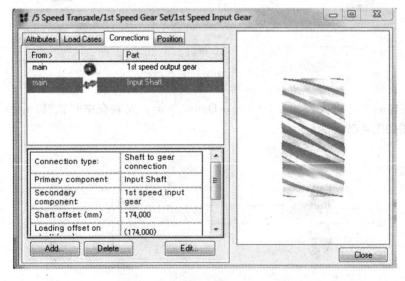

图　4-31

● 点击对话框下方的【Edit...】（编辑）按钮，在弹出的对话框（见图 4-32）的【Attachment method】（连接方式）选项中选择【Integral with shaft】（与轴固定连接），点击【OK】按钮。

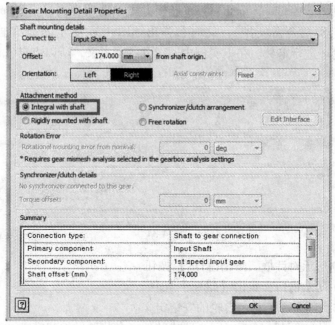

图　4-32

完成上述操作，即完成了对小齿轮的安装定义。

注意：对于这种连接方式，在 RomaxDesigner 软件中不计算与轴固定连接的概念齿轮的质量和转动惯量。齿轮坯本身作为轴的一部分。

2）定义齿轮通过同步器或其他离合装置与轴连接。现在用同样的方法定义一挡速度输出齿轮（1st speed Output gear）与中间轴（Lay Shaft）的连接形式，如图 4-33 所示。

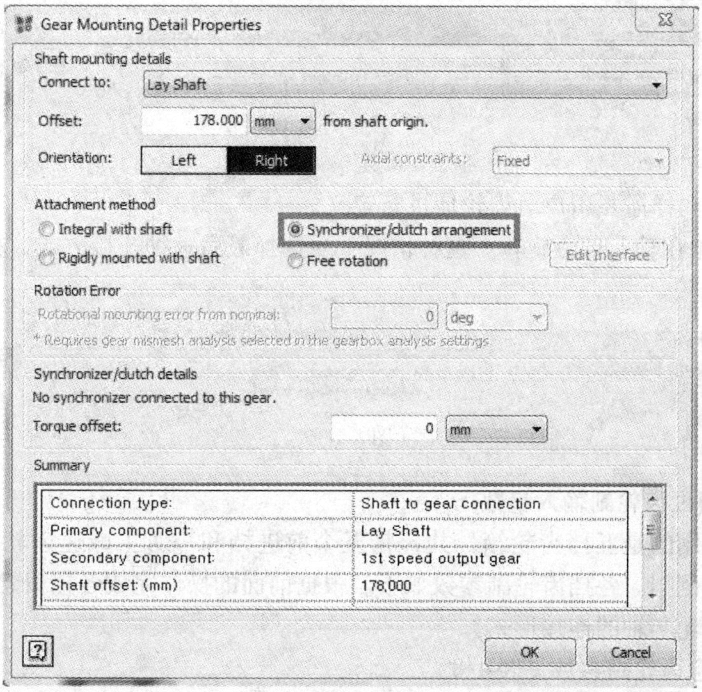

图　4-33

在图 4-33 中的【Attachment method】（连接方式）选项中选择【Synchronizer/clutch arrangement】（同步器/离合器安排），此时会弹出如图 4-34 所示的提示框，用户可以选择【Yes】按钮对齿轮坯进行定义。在本实例中不对此进行定义，所以点击【No】按钮。

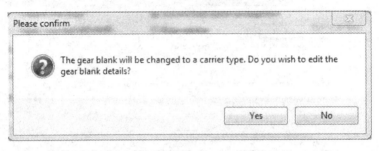

图　4-34

- 回到图 4-33 所示对话框，点击【OK】按钮。
- 回到图 4-31 所示窗口，点击【Close】按钮。

完成上述操作，则完成了对大齿轮的安装定义。

注意：通常在概念设计阶段不对同步器或其他离合装置做细节定义，这部分工作在详细设计阶段完成。目前阶段的同步器只做最简单的功能性定义，保证在加载载荷谱的时候挡位的正常切换。

3）定义齿轮通过花键或类似形式与轴连接。用户可以用同样的方式来定义齿轮和轴的连接形式，在相应的对话框里选中如图 4-35 所示连接方式。

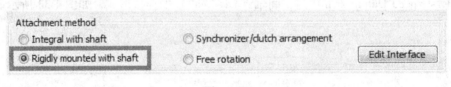

图　4-35

这种方式下同样需要用户对齿轮坯进行定义。

4）定义齿轮在轴上自由旋转。这种情况下可选择最后一种连接方式，如图 4-36 所示。

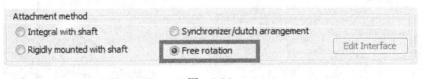

图　4-36

2. 其他各挡位齿轮副输入参数

本实例中使用的是五挡齿轮箱，共包括五个前进挡和一对主减速齿轮副。为了简化模型，此处省略了倒挡。各挡齿轮副参数如下。根据前面的操作完成各挡概念齿轮副的建模和安装，并确定齿轮与轴的连接形式。

1）二挡概念齿轮副参数见表 4-8。

表 4-8　二挡概念齿轮副参数

参　数	详 细 信 息
Helix Angle （螺旋角）(°)	25
Pinion Hand （小齿轮旋向）	右
Normal Module （模数）/mm	2
Normal Pressure Angle （压力角）(°)	20
Ratio (Wheel/Pinion)［齿数比（大齿轮/小齿轮）］	38/21
Face Width （齿宽）/mm	13，两轮齿宽相同
Pinion mounted at （小齿轮安装位置）/mm	127，输入轴
Wheel mounted at （大齿轮安装位置）/mm	131，中间轴
Mounting of Pinion （小齿轮安装方式）	与轴固定连接
Mounting of Wheel （大齿轮安装方式）	通过概念同步器连接

2）三挡概念齿轮副参数见表4-9。

表 4-9　三挡概念齿轮副参数

参　数	详 细 信 息
Helix Angle （螺旋角）(°)	23
Pinion Hand （小齿轮旋向）	右
Normal Module （模数）/mm	1.813
Normal Pressure Angle （压力角）(°)	20
Ratio (Wheel/Pinion)［齿数比（大齿轮/小齿轮）］	37/29
Face Width （齿宽）/mm	14，两轮齿宽相同
Pinion mounted at （小齿轮安装位置）/mm	108，输入轴
Wheel mounted at （大齿轮安装位置）/mm	112，中间轴
Mounting of Pinion （小齿轮安装方式）	与轴固定连接
Mounting of Wheel （大齿轮安装方式）	通过概念同步器连接

3）四挡概念齿轮副参数见表4-10。

表 4-10　四挡概念齿轮副参数

参　数	详 细 信 息
Helix Angle （螺旋角）(°)	23
Pinion Hand （小齿轮旋向）	左
Normal Module （模数）/mm	1.515
Normal Pressure Angle （压力角）(°)	20
Ratio (Wheel/Pinion)［齿数比（大齿轮/小齿轮）］	40/39
Face Width （齿宽）/mm	13，两轮齿宽相同
Pinion mounted at （小齿轮安装位置）/mm	58.5，中间轴

（续）

参　　数	详 细 信 息
Wheel mounted at（大齿轮安装位置）/mm	54.5，输入轴
Mounting of Pinion（小齿轮安装方式）	通过概念同步器连接
Mounting of Wheel（大齿轮安装方式）	与轴固定连接

4）五挡概念齿轮副参数见表4-11。

表 4-11　五挡概念齿轮副参数

参　　数	详 细 信 息
Helix Angle（螺旋角）(°)	23
Pinion Hand（小齿轮旋向）	左
Normal Module（模数）/mm	1.575
Normal Pressure Angle（压力角）(°)	20
Ratio（Wheel/Pinion）［齿数比（大齿轮/小齿轮）］	43/33
Face Width（齿宽）/mm	15，两轮齿宽相同
Pinion mounted at（小齿轮安装位置）/mm	25.5，中间轴
Wheel mounted at（大齿轮安装位置）/mm	21.5，输入轴
Mounting of Pinion（小齿轮安装方式）	刚性连接（花键）
Mounting of Wheel（大齿轮安装方式）	通过概念同步器连接

5）主减速齿轮副参数见表4-12。

表 4-12　主减速齿轮副参数

参　　数	详 细 信 息
Helix Angle（螺旋角）(°)	20
Pinion Hand（小齿轮旋向）	左
Normal Module（模数）/mm	2.436
Normal Pressure Angle（压力角）(°)	20
Ratio（Wheel/Pinion）［齿数比（大齿轮/小齿轮）］	65/16
Face Width（齿宽）/mm	28，两轮齿宽相同
Pinion mounted at（小齿轮安装位置）/mm	205，中间轴
Wheel mounted at（大齿轮安装位置）/mm	35.4，输出轴
Mounting of Pinion（小齿轮安装方式）	与轴固定连接
Mounting of Wheel（大齿轮安装方式）	与轴固定连接

完成上述操作后，输入轴 2D 图如图 4-37 所示。中间轴 2D 图如图 4-38 所示。输出轴 2D 图如图 4-39 所示。

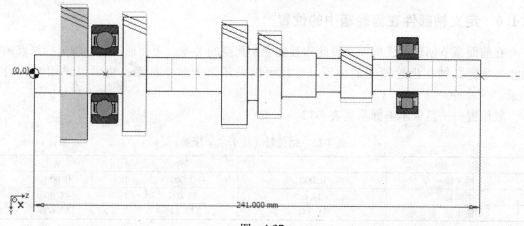

图 4-37

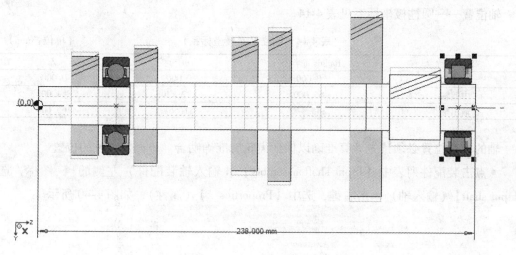

图 4-38

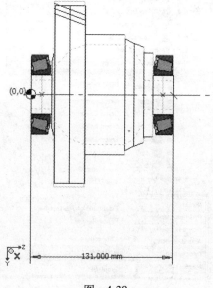

图 4-39

4.1.6　定义轴部件在齿轮箱中的位置

在前面章节创建的三根轴，彼此相互独立，无空间关系。下面通过定义轴坐标原点的相对坐标来定义轴在齿轮箱中的位置。坐标可以采用笛卡尔坐标系，也可以采用圆柱极坐标系。

轴位置——笛卡尔坐标系见表4-13。

表4-13　轴位置（笛卡尔坐标系）　　　　　　　　（单位：mm）

名　　称	X	Y	Z
输入轴	0.000	0.000	0.000
中间轴	−34.608	55.021	−4.000
输出轴	21.344	143.871	165.600

轴位置——圆柱极坐标系见表4-14。

表4-14　轴位置（极坐标系）　　　　　　　　（单位：mm）

名　　称	Radius（半径）	$\theta(°)$	Z
输入轴	0.000	0.000	0.000
中间轴	65.000	122.170	−4.000
输出轴	145.446	81.561	165.600

轴的相对位置必须预先计算准确以保证齿轮能准确啮合。下面定义轴的位置。

● 点击装配件列表中【Input shaft assembly】（输入轴装配件）左侧的 ✚ 图标，选择【Input shaft】（输入轴）单击右键，选中【Properties…】（属性），如图4-40所示。

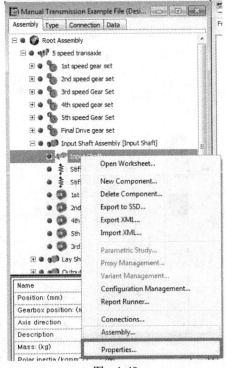

图　4-40

● 在弹出对话框（见图 4-41）中选择【Position】（位置）选项，点击【Edit...】（编辑）按钮。

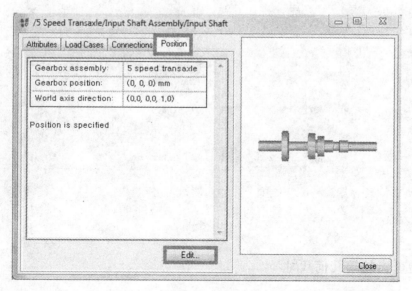

图　4-41

● 此处选用笛卡尔坐标系。在弹出的对话框（见图 4-42）的坐标系 Coordinate system（坐标系）栏选中 Rectangular（矩形），按照表 4-13 所列的数据输入数值。

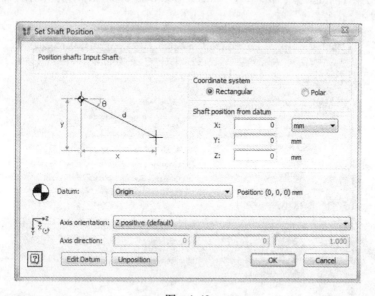

图　4-42

● 点击【OK】按钮。
● 回到图 4-41 所示的窗口，点击【Close】关闭窗口。
　　按照上述步骤，定义中间轴和输出轴位置。完成轴的位置定义后，在设计列表中打开齿轮箱【5 speed transaxle（Gearbox）】的齿轮箱工作窗口，3D 模型如图 4-43 所示。

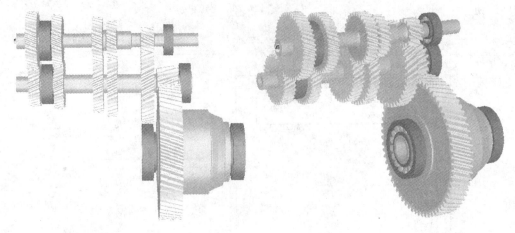

图　4-43

4.1.7　检查齿轮箱几何尺寸

本例齿轮箱模型包含了一些与轴固定连接的齿轮，如小齿轮 1（Pinion 1）和小齿轮 2（Pinion 2）等，有必要对齿轮安装位置所对应的轴段直径进行检查，以确认齿轮是否正确地与轴连接为整体。

　　• 在主窗口菜单中选择【Analysis—Check Gearbox Geometry…】（分析—检查齿轮箱几何尺寸），如图 4-44 所示。

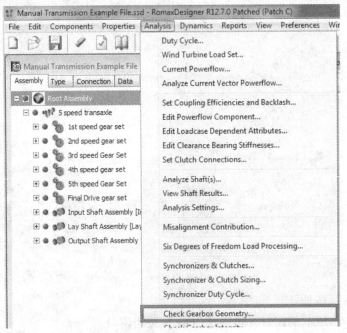

图　4-44

　　• 检查完成后弹出如图 4-45 所示的对话框。

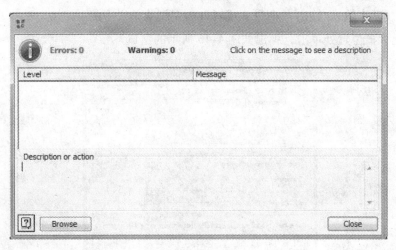

图 4-45

结果表明齿轮箱没有任何几何尺寸问题。

- 点击【Close】按钮。

至此，完成了对齿轮箱尺寸的检查。

4.1.8 汽车齿轮箱分析及优化

1. 定义载荷工况和齿轮箱载荷谱

1）输入数据。在完成齿轮箱的建模后，即可进入分析和优化阶段。

本实例所建立的平行轴齿轮箱模型中，载荷的输入、输出位置见表 4-15。

表 4-15 载荷的输入/输出位置

Power Load（功率载荷）	Position（位置）/mm
Power Input（功率输入）	241（输入轴）
Power output（功率输出）	65.5（输出轴）

该齿轮箱包含 5 个前进挡，详细载荷工况见表 4-16。

表 4-16 齿轮箱载荷工况

载 荷 工 况	输入转速/(r/min)	输入功率/kW	运行时间/h
一挡	−4500	51	5
二挡	−4500	80	10
三挡	−4500	80	19
四挡	−4500	80	21
五挡	−4500	80	30

2）定义齿轮箱功率输入、输出。

- 功率通过输入轴右端输入齿轮箱，从设计窗口打开【Input Shaft assembly】（输入轴装配件）的工作表，在主窗口菜单中选择【Components】（部件）→【Loads】（载荷）→【Power In/Out...】（功率输入/输出）命令，或者点击左侧菜单栏中的█图标。

● 在轴上大概位置处单击，弹出如图 4-46 所示的窗口。

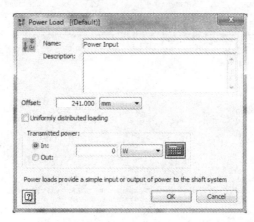

图　4-46

● 在 Name（名称）栏输入 Power Input（功率输入），在 Offset（偏置距离）栏输入 241mm。

● 点击【OK】按钮，对齿轮箱功率输入位置的定义完成。

采用同样方法定义齿轮箱功率输出位置，名称为 Power Output（功率输出）。

3）定义一挡载荷工况。完成功率输入、输出位置的定义后，需要对五个挡位分别定义载荷工况。

● 双击模型【5 speed transaxle】（五挡变速器）打开编辑窗口，如图 4-47 所示。

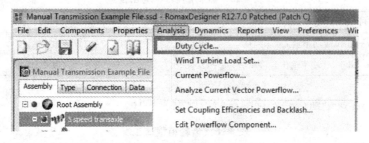

图　4-47

● 在主窗口菜单中选择【Analysis】（分析）→【Duty Cycle...】（载荷谱）命令。

● 在弹出的对话框（见图 4-48）中点击【Add LC...】（添加工况）按钮。在弹出的图 4-49 所示的对话框中输入该工况的参数：在 Name（名称）栏输入【1st speed】（一挡速度），在 Duration（持续时间）栏输入【5 hrs】。

● 在定义实际功率流的路径之前，需指定一挡所使用的齿轮副：在【Clutches + Synchronizers】（离合器 + 同步器）列表中双击【1st speed output gear-Gear-Clutch】（一挡输出齿轮—齿轮—离合器）或者在【Clutches + Synchronizers】（离合器 + 同步器）列表中选择【1st speed output gear-Gear-Clutch】（一挡输出齿轮—齿轮—离合器），点击【Lock/Unlock】（锁定/解锁）按钮，如图 4-50 所示。

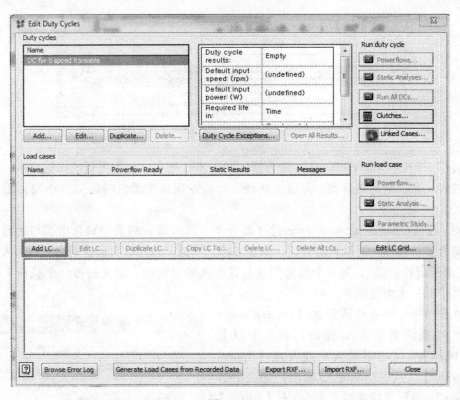

图　4-48

图　4-49

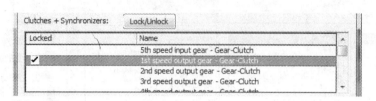

图　4-50

在【Clutches + Synchronizers】（离合器 + 同步器）列表中使用黑色的标记显示一对啮合的齿轮或者一副锁紧的离合器。完成上述操作后应发现这个黑色的标记（小勾）出现在一挡齿轮处。

注意：在【Clutches + Synchronizers】（离合器 + 同步器）列表中只列出了与轴通过同步器或者离合装置连接。所以只能看到一挡、二挡、三挡、四挡输出齿轮副和五挡输入齿轮副（参考前面的齿轮设置），每一个齿轮代表与其所属的齿轮副。定义的每一个载荷工况只能加载到其中的一个齿轮副上。

- 在图 4-49 所示对话框的【System Power In/Out】（系统功率输入/输出）列表中双击【Power Input】（功率输入）或者在【System Power In/Out】（系统功率输入/输出）列表中选择【Power Input】（功率输入），点击【Edit…】（编辑）按钮，在弹出的对话框（见图 4-51）中，勾选【Define shaft speed】（定义轴速），输入【-4500rpm】；勾选【Define power】（定义功率），输入【51 kW】。

- 点击【OK】按钮。

完成后，在【System Power In/Out：】（系统功率输入/输出）列表中的【Power Input】（功率输入）前将出现红色标记（小勾），如图 4-52 所示，证明已经完成了功率载荷的定义。回到图 4-49 所示的对话框，点击【Run…】（运行）按钮运行功率流，计算完成后，在弹出的图 4-53 所示的对话框点击【OK】按钮。

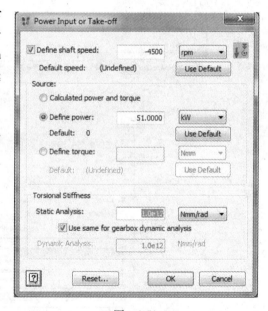

图　4-51

图　4-52

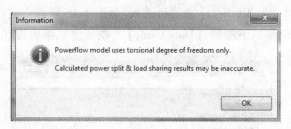

图　4-53

注意：在功率流分析计算中只包含了扭转自由度。所有六个自由度的分析将在轴的静态分析和载荷谱分析中考虑。

计算完成后弹出如图4-54所示的消息框。

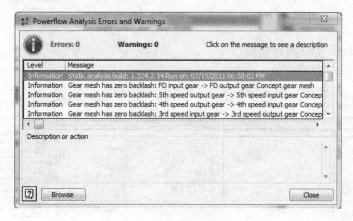

图　4-54

没有任何 Errors（错误）和 Warnings（警告），证明功率流分析成功完成。

● 点击【Close】按钮。

● 回到图 4-49 所示的对话框，点击【OK】按钮。

参照输入数据，重复上述操作，定义其他 4 个挡位的载荷工况。

完成后，在【Edit Duty Cycles】（编辑载荷谱）对话框的【Load cases】（工况）列表中显示，如图 4-55 所示。

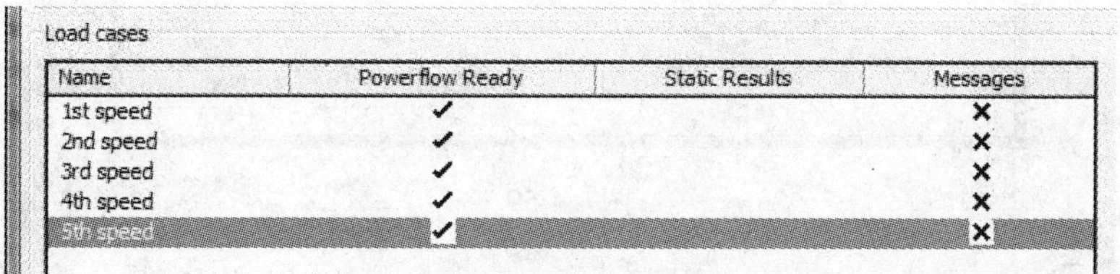

Load cases			
Name	Powerflow Ready	Static Results	Messages
1st speed	✓		✗
2nd speed	✓		✗
3rd speed	✓		✗
4th speed	✓		✗
5th speed	✓		✗

图　4-55

● 点击【Close】按钮，完成齿轮箱功率流定义。

完成齿轮箱载荷谱定义后，需查看齿轮箱的功率流情况以确认各挡位的载荷定义。

● 双击模型【5 speed transaxle】（5 挡变速器）打开编辑窗口，在主窗口菜单中选择

【Analysis】（分析）→【Duty Cycle…】（载荷谱），如图 4-56 所示，或点击【5 speed transax-le】（五挡变速器）编辑窗口下端的【Duty Cycle】（载荷谱）编辑按钮，如图 4-57 所示。

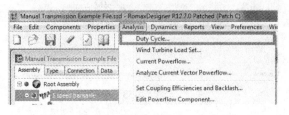

图 4-56

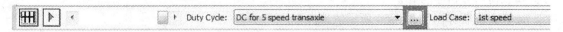

图 4-57

● 弹出如图 4-58 所示的对话框。

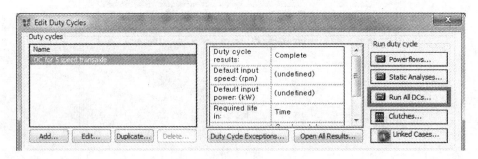

图 4-58

● 点击【Run All DC…】（运行所有载荷谱）按钮，弹出如图 4-59 所示的提示框。

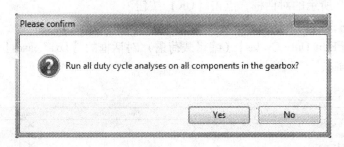

图 4-59

● 点击【Yes】按钮。

当载荷谱分析完成后，将出现如图 4-60 所示的提示框。

● 点击【OK】按钮，返回到【Edit Duty Cycle】（编辑载荷谱）对话框，点击【Close】按钮退出。

● 点击【5 speed transaxle】（五挡变速器）编辑窗口下端的【Load cases】（工况）下拉菜单，选择一个工况，如【1st speed】（一挡），点击 ⊞ 图标，如图 4-61 所示。

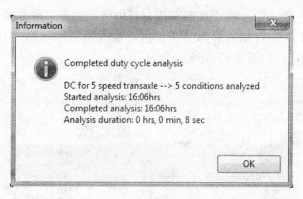

图　4-60

图　4-61

　　此时会发现 3D 模型将只显示参与功率传递的部件。如图 4-62 所示，在 3D 模型中显示了齿轮箱通过一挡齿轮副与主减速齿轮副进行功率的传递。

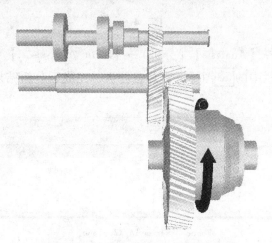

图　4-62

　　同样，其他挡位的功率流也可通过类似操作进行观察。

2. 轴和轴承静态分析

　　完成各挡位工况定义后，我们将对各个挡位进行轴的静态分析，并查看轴承是否有超载的情况。

　　1）输入数据。对各个挡位中的三根轴的分析，可通过以下两种方式进行：

　　① 在各个载荷工况下，对某一根轴进行静态分析。对不同的载荷工况和轴进行重复操作以获得所有的分析结果。

　　② 一次进行所有轴在不同载荷工况下的静态分析（载荷谱）。

在本节中采用第一种方法，在下节载荷谱分析中将用到第二种方法。

2）对单个载荷工况进行轴的静态分析。打开输入轴的编辑窗口并选择某个载荷工况（例如：一挡 1st speed），如图 4-63 所示。

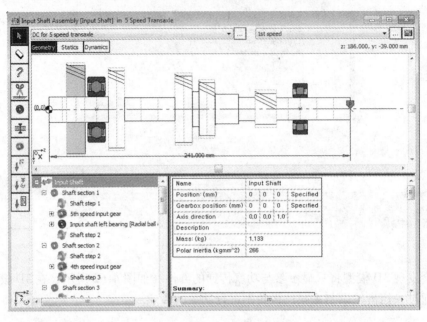

图 4-63

在主窗口菜单中选择【Analysis】（分析）→【Static Analysis...】（静态分析）命令，或者点击窗口右上角菜单栏中的 图标进行静态分析，完成后分析结果窗口将自动打开，如图 4-64 所示。

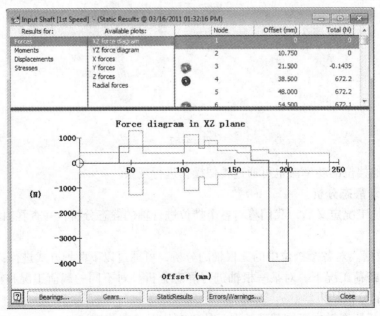

图 4-64

3）查看轴静态分析结果。静态分析将计算齿轮箱部件在各个载荷工况下所受的力、力矩、偏移量和应力。用户可以在静态分析结果窗口中查看不同的计算结果。

在【Results for：】（结果）列表中选中【Forces】（方向力）选项，在【Available plots：】（可用图）列表中选中【X forces】（X 方向力）选项，可查看轴上各个节点 X 方向的力，如图 4-65 所示。

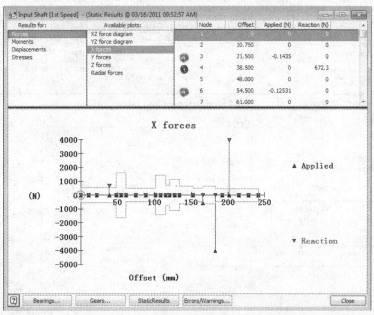

图　4-65

也可以点击【Available plots：】（可用图）列表中其他选项来观察不同的受力结果；或者选中【Results for：】（结果）列表中其他选项来观察相应的各种受力分析结果，如图 4-66 所示。

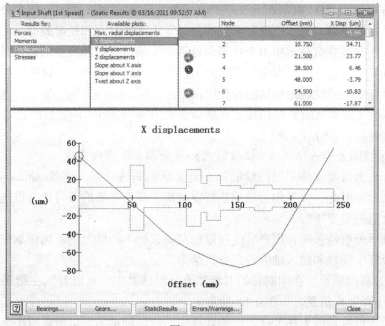

图　4-66

4）查看轴承静态分析结果。点击上述轴分析结果窗口中的【Bearings…】（轴承）按钮，弹出的窗口（见图4-67）顶部为各个轴承总的静态分析结果。这些结果采用了 ISO 寿命、ISO 损伤、Adjusted（调整后的）寿命、Adjusted（调整后的）损伤和 Load Zone Factor（负载区域因子）的方式进行表达。

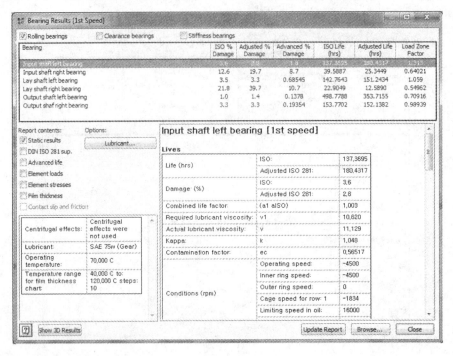

图　4-67

这些参数的解释如下：

① ISO 寿命使用 ISO 281（可选 ISO 281：1990 或 ISO 281：2007）标准公式计算轴承寿命，并假设无内部间隙，轴承位置完全校准和一定比例的轴向和径向载荷。

② ISO 损伤描述在载荷谱中由 ISO 寿命计算产生的所有可能发生的损伤百分比。

③ Adjusted（调整后的）寿命计算实际工作条件下的轴承寿命。这些工作条件包含了内部间隙、轴承位置的错位误差和轴向及径向误差。

④ Adjusted（调整后的）损伤描述在载荷谱中由 Adjusted（调整后的）寿命计算产生的所有可能发生的损伤百分比。

⑤ 载荷区域因子为 Adjusted（调整后的）寿命和 ISO 寿命之比。

损伤百分比为目前载荷工况持续时间与计算后的寿命（ISO 或者 Adjusted）时间之比，并以百分数表示。因此，该损伤为轴承在特定载荷工况下失效的百分比，也是评估轴承在载荷谱下是否合适的重要指标。

在查看轴承分析结果时，用户可使用鼠标左键选择不同轴上的不同轴承进行观察。重复上述操作，观察中间轴和输入轴的静态分析结果。

5）替换过载的轴承。在中间轴的右端轴承分析结果中，可以看到在结果显示窗口中出现了 warning（警告）信息，如图4-68 所示。

出现该警告信息是因为在 ISO 寿命的计算中，假定轴承的等价负载应小于其动态承载能

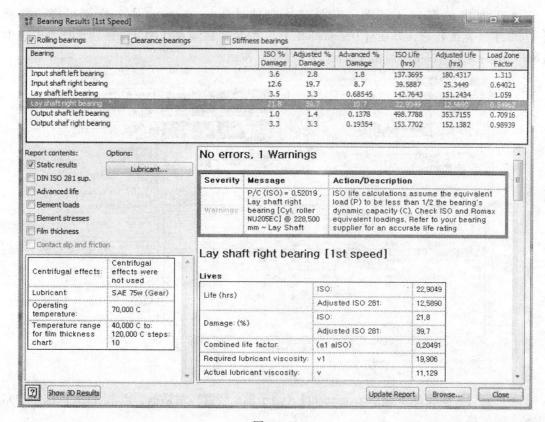

图　4-68

力的一半，而本例中 ISO 等价负载为 14877.5N，该数据与计算的动态承载能力比为 0.52019。在这样的负载情况下，轴承有可能承受边缘载荷，从而加速轴承的损伤。因此，需要采取相应的措施来减少轴承的过载。

由此可知：中间轴右端的轴承（NU205EC）已经过载，所以将更换一个具有更高动态承载能力的轴承。由于安装的限制，将使用 SKF 目录中的圆柱滚子轴承 NU305EC，这种轴承的动态承载能力大约在 40200N。

返回中间轴的编辑窗口并替换轴承，操作如下：

● 双击中间轴模型右端轴承。

● 在弹出的对话框（见图 4-69）中点击【Catalog Bearing Details】（轴承细节）选项，点击【Select...】（选择）按钮。

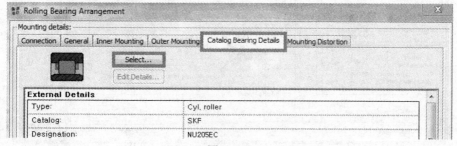

图　4-69

● 在弹出的窗口（见图 4-70）中，取消【Outer diameter:】（外径）栏，取消【Width:】（宽度）栏，并在【Designation:】（型号）栏输入【NU】；在轴承列表中选中【NU305EC】，使其高亮并点击【Accept】（接受）按钮。

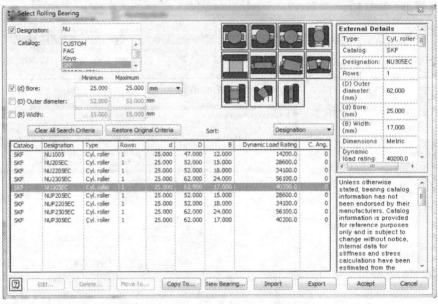

图 4-70

● 回到【Rolling Bearing Arrangement】（滚子轴承装置）对话框，点击【OK】按钮，完成轴承的替换。

替换轴承后返回到中间轴的编辑界面并再次进行轴的静态分析。当选中右端轴承时，将不再出现警告信息，结果显示框如图 4-71 所示。

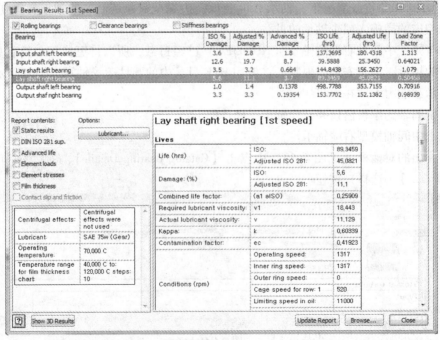

图 4-71

关闭所有轴承分析窗口和轴编辑窗口，再次保存设计文件。至此，轴和轴承的静态分析完成。

3. 载荷谱分析

1）输入数据。至此，已经诊断出该变速器中的一个轴承会在个别载荷谱中出现过载的情况。下面将考查这些轴承在整个载荷谱运行下的寿命和损伤情况。运行载荷谱下所有的载荷工况，然后运用米勒法则（Miner's Rule）叠加损伤百分比，计算出在 5 个载荷工况下总的损伤百分比。当总的损伤百分比数值超过 100% 时，证明该轴承疲劳失效。同理，当损伤百分比在 50% 时，说明该轴承在这样的载荷谱中运行不得超过 2 次。

2）进行整个齿轮箱载荷谱分析。在前面的章节中，已经学习了如何针对单个载荷工况进行轴的静态分析，并查看了这种负载下的损伤百分比。用户也可以单独地分析各个载荷谱，然后将结果累加起来进行分析。但是，最快、最容易的方法是进行整个齿轮箱的载荷谱分析。

双击模型【5 speed transaxle】（5 挡变速器）打开编辑窗口，在主窗口菜单中选择【Analysis】（分析）→【Duty Cycle…】（载荷谱）命令，点击【Run All DC…】（运行所有载荷谱）按钮，如图 4-72 所示。在弹出的图 4-73 所示的对话框中，点击【Yes】按钮完成整个载荷谱的静态分析。

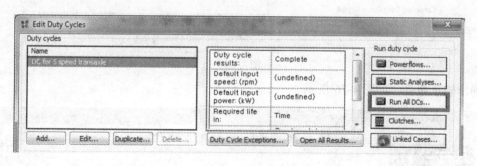

图　4-72

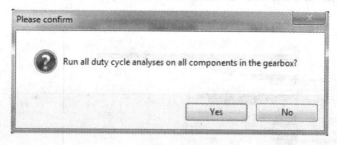

图　4-73

当载荷谱分析结束后，将出现图 4-74 所示的对话框，点击【OK】按钮，返回到【Edit Duty Cycle】（编辑载荷谱）对话框，点击【Close】按钮，载荷谱分析完成。

3）查看载荷谱分析结果。在主窗口菜单中选择【Reports】（报告）→【Bearing Reports】（轴承报告）→【Bearing Duty Cycle Results…】（轴承载荷谱结果），如图 4-75 所示。

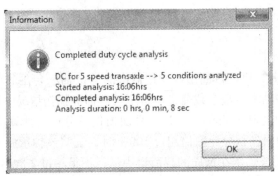

图　4-74

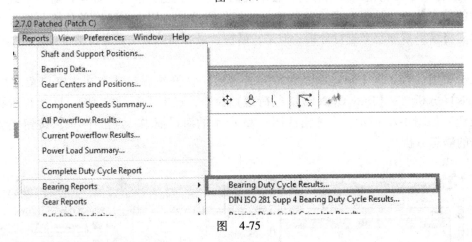

图　4-75

弹出轴承报告，如图 4-76 所示。

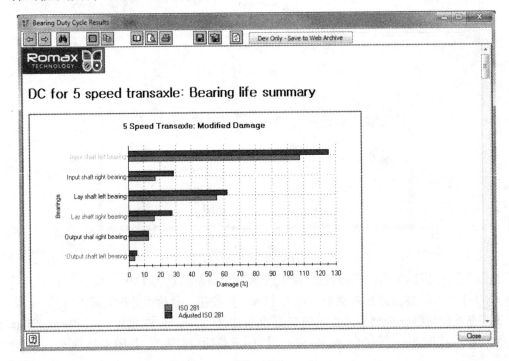

图　4-76

轴承载荷谱分析报告中将列出所有轴承的分析结果，在列出各个轴承在各个工况载荷下的性能之前会先将所有轴承的计算结果作一总结，见表 4-17。

表 4-17　轴承载荷谱分析

Bearings	Modified life（hrs）		Modified damage（%）	
	ISO 281	Adjusted ISO 281	ISO 281	Adjus ted ISO 281
Input shaft left bearing	78. 9622	67. 6239	107. 6	125. 7
Input shaft right bearing	502. 6887	295. 8128	16. 9	28. 7
Lay shaft left bearing	152. 9727	137. 0774	55. 6	62. 0
Lay shaft right bearing	515. 8357	306. 6192	16. 5	27. 7
Output shaft right bearing	679. 5546	673. 0924	12. 5	12. 6
Output shaft left bearing	2344. 2080	1674. 4736	3. 6	5. 1

点击各个轴承的超链接将跳转至该轴承在各个工况载荷下的详细报告。

由表 4-17 所列计算结果可知，输入轴的左端轴承总的损伤百分比已经超过了 100%，表明该轴承失效。

4）修改设计并重新分析结果。

同样，安装位置限制了设计的修改。在 SKF 目录中也可以看到，输入轴的左端轴承的动态承载能力在给定的类型中已经为最高。然而 RomaxDesigner 软件已经指出该轴承较容易失效。

输入轴左端轴承分析结果如图 4-77 所示。

在上述结果中，轴承的 ISO 寿命与 Adjusted（调整过的）寿命差异较大。两者的差异主要来自于 Load Zone Factor（载荷区域因子）。在前面已经解释过，Adjusted（调整过的）参数将考虑轴承内部的间隙、错位和其他的影响因素，所以寿命也会相应地降低。如果轴承发生失效，ISO 损伤百分比同样也会很高。但是从本例来看，间隙和错位等原因对寿命带来的影响是比较严重的。

Modified damage (%)	
ISO 281	Adjusted ISO 281
107,6	125,7

图　4-77

如果在输入轴不同位置对轴段直径做一些修改，减少轴承的偏移量，从而减少轴承的错位影响。因此可打开输入轴编辑窗口，参照表 4-18 修改轴段参数。

表 4-18　输入轴参数修改

Section（轴段）	Length（长度）/mm	OD（外径）/mm
3	40	25
8	13. 5	20

改变轴的参数后，再次进行轴的载荷谱分析，结果如图 4-78 所示。

由图 4-78 可见，输入轴的左端轴承因减少了轴的错位量而使得损伤百分比减少，但该轴承仍不能成功地通过载荷谱测试。因此，仅通过简单地更改轴的结构设计不能解决问题。但是思考方向已经明确，即可通过更换具有更大承载能力的轴承，或进一步优化输入轴结构来彻底解决该问题。

Modified damage (%)	
ISO 281	Adjusted ISO 281
110,8	108,2

图　4-78

第5章 汽车驱动桥建模与分析

5.1 概念建模和分析

5.1.1 创建新的设计

启动 RomaxDesigner 软件，在主窗口菜单栏中选择【File】（文件）→【New】（新建）命令，或者点击新建▢图标。在弹出的图5-1对话框中输入名称：【Rear Axle Example File】（驱动桥示例文件）；作者：用户名（默认为电脑名）；润滑类型：从下拉菜单中选择【SAE 75W（gear）】或者其他适合具体需求的选项；最后，点击【OK】按钮，创建汽车驱动桥文件。

图 5-1

5.1.2 创建齿轮箱

- 在主窗口菜单栏中选择【Components】（部件）→【Add New Assembly/Component…】（添加新装配件/部件）命令，弹出图5-2所示的对话框，选择【Gearbox Assembly】（齿轮箱装配件）选项，点击【OK】按钮。
- 弹出图5-3所示的对话框，选择 Empty（空）选项，并点击【OK】按钮。
- 在弹出的图5-4所示的对话框中输入齿轮箱名称：【Rear axle】（后桥），点击【OK】按钮，从而创建驱动桥齿轮箱。

图　5-2

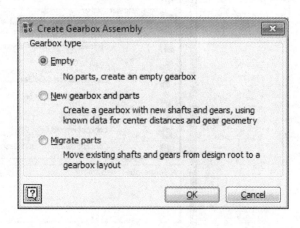

图　5-3

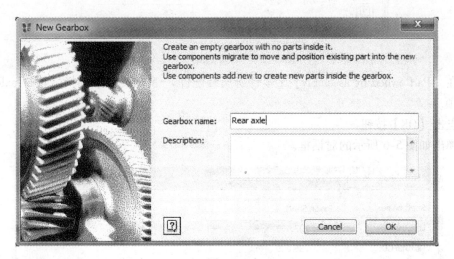

图　5-4

5.1.3　创建轴

（1）创建小齿轮轴

• 在主窗口菜单中选择【Components】（部件）→【Add New Assembly/Component…】（添加新装配件/部件）命令。

• 在弹出的图 5-5 所示的【New Part】（新零件）对话框列表中选择【Shaft Assembly】（轴装配件）选项。

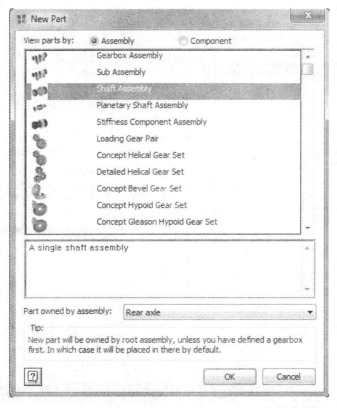

图 5-5

- 在【Part owned by assembly】（零件所属装配件）下拉菜单中选择【Rear axle】（后桥）选项。
- 点击【OK】按钮。
- 弹出如图 5-6 所示的对话框。

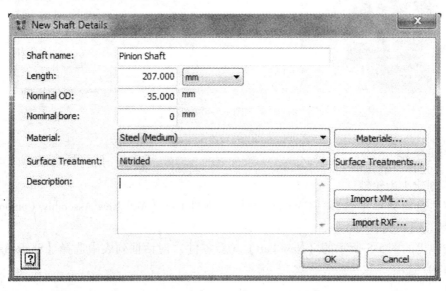

图 5-6

输入轴名称为【Pinion Shaft】（小齿轮轴）；长度 = 207mm；名义外径 = 35mm。此处材料和表面处理两栏采用默认值。

- 点击【OK】按钮，完成小齿轮轴的创建。

Pinion Shaft（小齿轮轴）2D 图如图 5-7 所示。

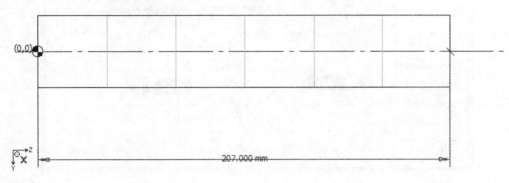

图　5-7

1）定义轴段

- 在主窗口菜单中选择【Components】（部件）→【Step…】（轴段）命令，或者单击左侧菜单栏 图标。

- 在轴上大概位置处单击，输入 Offset（偏置距离）= 4mm，点击【OK】按钮，完成添加轴段的操作，如图 5-8 所示。

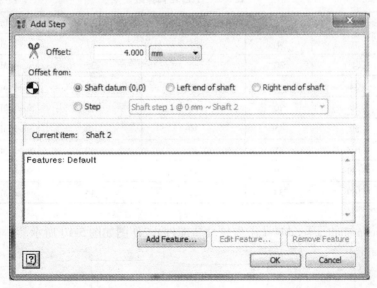

图　5-8

2）调整各轴段的直径

- 点击左侧菜单栏中的 图标。

- 在【Pinion shaft assembly】（小齿轮轴装配件）模型中双击【Section 1】（轴段 1）选项。

- 在弹出的图 5-9 所示对话框中输入【OD】（外径）= 35mm。

Modify Section No.1

Insert at:	Material: Shaft Default (Steel (Medi ▾)
Pick where you want to insert the new section	Surface Treatment: Shaft Default (Nitrided) ▾
Length: 4.000 mm	☑ Bore: 0 mm
OD: 35.000 mm	Nominal bore used
☑ Tapered OD	☐ Tapered bore
Direction:	Direction:
Minor diameter: 31.000 mm	Minor diameter: mm

< Previous   Next >   OK   Cancel

图 5-9

- 勾选【Tapered OD】（锥形外径）标签，输入【Minor diameter】（小端直径）= 31mm。
- 在【Direction】（方向）栏点击 ◄ 图标。
- 点击【OK】按钮，完成第一轴段的定义。

重复上述操作，完成该轴所有轴段直径的定义。参数值见表 5-1。

表 5-1   小齿轮轴参数   （单位：mm）

Section（轴段）	Offset（偏置距离）	Length（长度）	Major OD（大端外径）	Minor OD（小端外径）	Material（材料）
1	0	4	35	31	Steel(Medium)（中碳钢）
2	4	30	35	35	Steel(Medium)（中碳钢）
3	34	5	38	35	Steel(Medium)（中碳钢）
4	39	20	38	38	Steel(Medium)（中碳钢）
5	59	45	40	40	Steel(Medium)（中碳钢）
6	104	35	45	40	Steel(Medium)（中碳钢）
7	139	30	45	45	Steel(Medium)（中碳钢）
8	169	38	61	44	Steel(Medium)（中碳钢）

完成后 Pinion shaft assembly（小齿轮轴装配件）2D 图如图 5-10 所示。

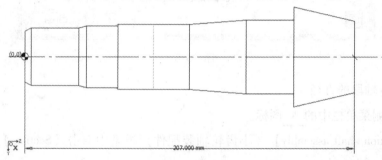

图 5-10

（2）创建差速器壳　同样方法创建差速器壳，差速器壳相应参数见表 5-2。

表 5-2　差速器壳参数

Section（轴段）	Offset（偏置距离）	Length（长度）	Left OD（左端外径）	Right OD（右端外径）	Left ID（左端内径）	Right ID（右端内径）	Material（材料）
1	0	20	45	45	35	35	Steel（Medium）（中碳钢）
2	20	8	48	60	35	35	Steel（Medium）（中碳钢）
3	28	7	60	60	45.5	45.5	Steel（Medium）（中碳钢）
4	35	10	110	120	45.5	45.5	Steel（Medium）（中碳钢）
5	45	62	120	120	95	95	Steel（Medium）（中碳钢）
6	107	3	130	130	95	95	Steel（Medium）（中碳钢）
7	110	10	130	190	45.5	45.5	Steel（Medium）（中碳钢）
8	120	5	200	200	45.5	45.5	Steel（Medium）（中碳钢）
9	125	8	200	150	35	35	Steel（Medium）（中碳钢）
10	133	8	60	48	35	35	Steel（Medium）（中碳钢）
11	141	20	45	45	35	35	Steel（Medium）（中碳钢）

完成后【Differential Cage assembly】（差速器壳装配件）2D 图如图 5-11 所示。

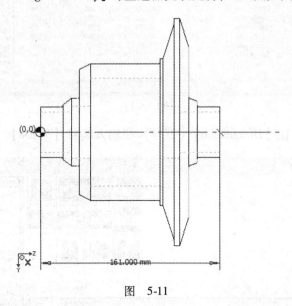

(0,0)

161.000 mm

图　5-11

5.1.4　添加轴承

（1）添加小齿轮轴轴承　小齿轮轴由两个轴承支承。轴承具体信息见表 5-3。

表 5-3　小齿轮轴轴承参数

Bearing（轴承）	Type（类型）	SKF Catalog Designation（SKF 目录型号）	offset（偏置距离）/mm
1	Taper Rolling（向心球）	33108	72
2	Taper Rolling（圆柱滚子）	32209	156.625

● 在主窗口菜单中选择【Components】（部件）→【Bearings】（轴承）→【Rolling Element...】（滚动轴承）命令，或者点击左侧菜单栏中的 ⊙ 图标。

● 在小齿轮轴上轴承安装的大概位置处单击，在弹出的图 5-12 所示对话框中选中【Catalog】（目录）栏中的【SKF】项。

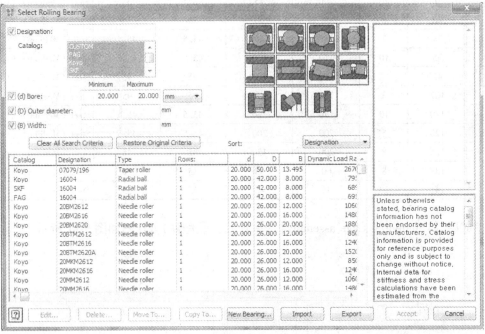

图　5-12

● 点击 ▦ 图标，在【Designation】（型号）栏输入编号【33108】，如图 5-13 所示。

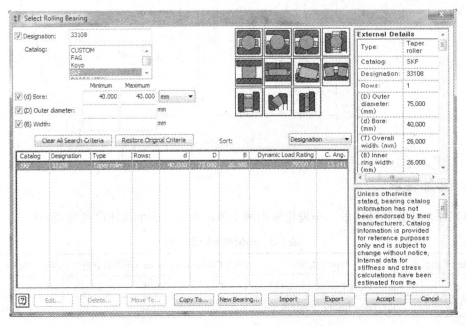

图　5-13

- 在轴承列表中选中【33108】。
- 点击【Accept】（授受）按钮。
- 在弹出窗口（见图 5-14）中【General】（总体）栏的 Name 行输入【Pinion shaft left bearing】（小齿轮轴左轴承）。

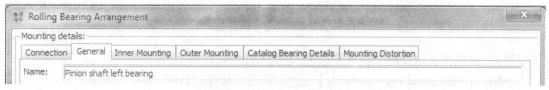

图 5-14

- 点击【Connection】（连接）选项，在【Offset】（偏置距离）栏中输入值 72mm，在【Orientaion】（定向）中正确选择止推方向，如图 5-15 所示。至此完成小齿轮轴左轴承的添加。

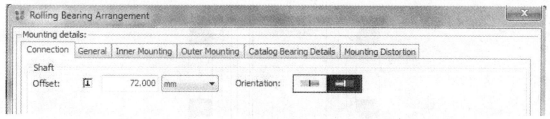

图 5-15

- 用同样方法选择并定位右轴承【Pinion shaft right bearing】（小齿轮轴右轴承），输入 Offset（偏置距离）值 156.625mm，正确的止推方向如图 5-16 所示。

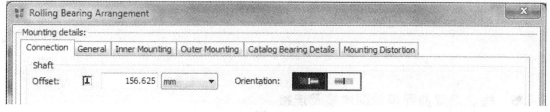

图 5-16

- 点击【OK】按钮，这样就完成了小齿轮轴轴承的选择和定位。
- 完成后【Pinion shaft assembly】（小齿轮轴装配件）2D 图如图 5-17 所示。

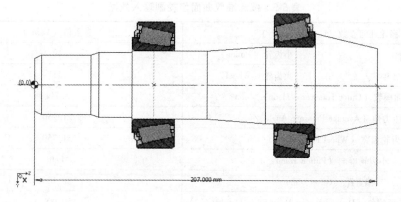

图 5-17

（2）添加差速器壳轴承　差速器壳也是由两个轴承支承。具体信息见表 5-4。

表 5-4　差速器壳轴承参数

Bearing（轴承）	Type（类型）	Koyo Catalog Designation（Koyo 目录型号）	offset（偏置距离）/mm
1	Taper Rolling（圆锥滚子轴承）	32009JR	10
2	Taper Rolling（圆锥滚子轴承）	32009JR	151

同样方法选择并定位两个轴承。

完成后【Differential cage assembly】（差速器壳装配件）2D 图如图 5-18 所示。

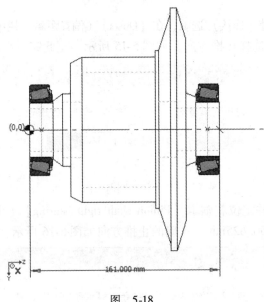

图　5-18

5.1.5　概念准双曲面齿轮副建模及连接

1）创建概念格里森准双曲面齿轮副。本示例中，汽车驱动桥是通过一对概念格里森准双曲面齿轮副来传递动力的。这对概念齿轮副的输入数据见表 5-5。

表 5-5　概念准双曲面齿轮副输入数据

齿轮几何参数（Gear Geometry）		参数值（Value）
齿数 （Number of teeth）	小齿轮（Pinion）	10
	大齿轮（Wheel）	41
外端面模数（Outer Transverse Module）/mm		5.111
平均压力角（Average Pressure Angle）/(°)		21.250
大齿轮齿宽（Wheel Face Width）/mm		31.750
小齿轮旋向（Pinion Hand）		Left
偏置距（Offset）/mm		38.100
期望小齿轮名义螺旋角（Desired Pinion Mean Spiral Angle）/(°)		50.000

（续）

齿轮几何参数（Gear Geometry）		参数值（Value）
有效切削半径（Effective cutter radius）/mm		114.300
安装位置（Mounting）/mm	小齿轮（Pinion）	188.000 @ Pinion Shaft［Cone direction = Right］ ［小齿轮轴（锥向 = 右）］
	大齿轮（Wheel）	114.500 @ Differential cage［Cone direction = Left］ ［差速器（锥向 = 左）］

● 点击激活设计窗口。

● 在主窗口菜单中选择【Components】（部件）→【Add New Assembly/Component…】（添加新装配件/部件）命令。

● 在弹出的图 5-19 所示的【New Part】（新零件）对话框列表中选择【Concept Gleason Hypoid Gear Set】（概念格里森准双曲面齿轮组），在【Part owned by assembly】（零件所属装配件）栏中选择【Rear axle】（后桥），点击【OK】按钮。

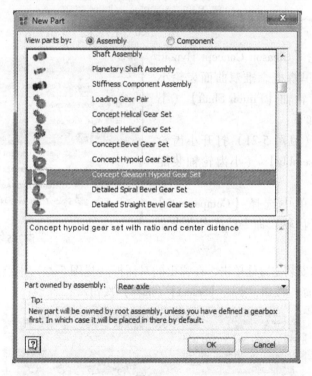

图   5-19

● 在弹出窗口（见图 5-20）中输入齿轮参数，点击【OK】按钮。

至此，概念格里森准双曲面齿轮副（Concept Gleason Hypoid Gear Set）出现在设计窗口的部件列表里，但此时只是独立的齿轮副，尚未安装于轴上。

2）概念格里森准双曲面齿轮副与轴的连接。小齿轮【Gleason Concept Hypoid Gear Pinion 1】（格里森概念准双曲面齿轮小齿轮 1）安装在小齿轮轴【Pinion Shaft】（小齿轮轴）上，大齿轮【Gleason Concept Hypoid Gear Wheel 1】（格里森概念准双曲面齿轮大齿轮 1）安装在差速器壳【Differential Cage】（差速器壳）上。

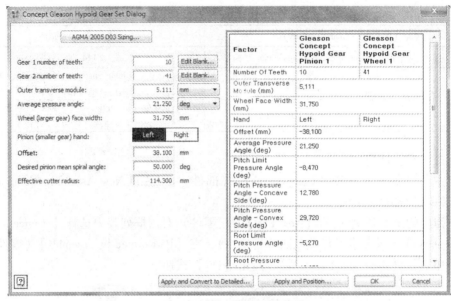

图　5-20

首先，将小齿轮【Gleason Concept Hypoid Gear Pinion 1】（格里森概念准双曲面齿轮小齿轮 1）安装在小齿轮轴【Pinion Shaft】（小齿轮轴）上，操作如下：

●从设计窗口（见图5-21）打开小齿轮轴【Pinion Shaft Assembly】（小齿轮轴装配件）的工作表。

●在主窗口菜单中选择【Components】（部件）→【Gear】（齿轮）命令，或者点击左侧菜单栏 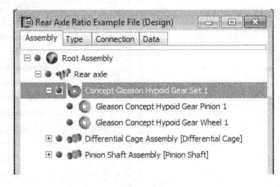 图标。

图　5-21

●在轴上大概的安装位置处单击，在弹出的对话框（见图5-22）中点击【Select From Gear Set...】（从齿轮组选择）按钮，点击【Select】（选择）按钮。

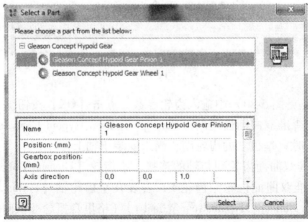

图　5-22

● 在弹出的对话框（见图 5-23）中的【offset】（偏置距离）栏输入 188mm，在【Cone direction】（定向）栏选择右方向，点击【OK】按钮。

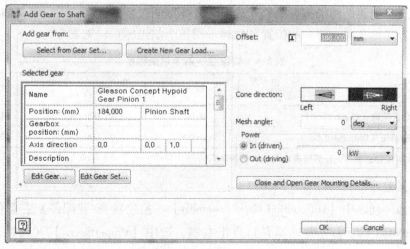

图　5-23

完成上述操作后，小齿轮即连接在小齿轮轴上，如图 5-24 所示。

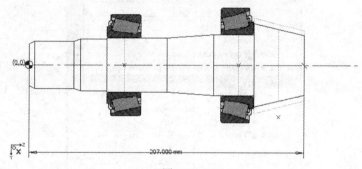

图　5-24

用同样的方法将大齿轮【Gleason Concept Hypoid Gear Wheel 1】（格里森概念准双曲面齿轮大齿轮 1）安装在差速器壳【Differential Cage】（差速器壳）上。操作完成后的 2D 图如图 5-25 所示。

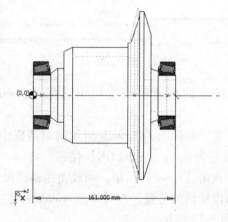

图　5-25

5.1.6　定义轴部件在驱动桥中的位置

前面章节中创建的两根轴彼此相互独立，并无空间关系。下面将通过定义轴坐标原点的相对坐标来定义轴在驱动桥中的位置。坐标采用笛卡尔坐标系，见表 5-6。

表 5-6　轴位置—笛卡尔坐标系

部件名称 ＼ 轴　位　置	X/mm	Y/mm	Z/mm
小齿轮轴（Pinion Shaft）	0.000	90.000	872.000
差速器壳（Differential Cage）	0.000	90.000	872.000

注：轴的相对位置必须预先计算准确以保证齿轮能准确啮合。

首先定义差速器壳的位置，操作如下：

● 点击部件列表中【Differential Cage Assembly】（差速器壳/装配件）左侧的 ✚ 图标，选中【Differential Cage】（差速器壳）点击右键，选中【Properties…】（属性）选项，如图 5-26 所示。

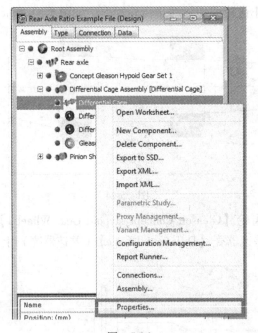

图　5-26

● 在弹出的如图 5-27 所示的差速器壳窗口中选择【Position】（位置）栏，点击【Edit…】（编辑）按钮。

● 此处选用笛卡尔坐标系。在弹出的图 5-28 所示的对话框中的【Axis orientation】（轴定向）栏选择 X positive（X 正方向），点击【OK】按钮。

● 回到差速器壳窗口，点击【Close】按钮，完成差速器壳位置的定义。

按照上述步骤，定义小齿轮轴的位置。在【Axis orientation】（轴定向）栏选择默认值：Z positive（Z 正方向），如图 5-29 所示。

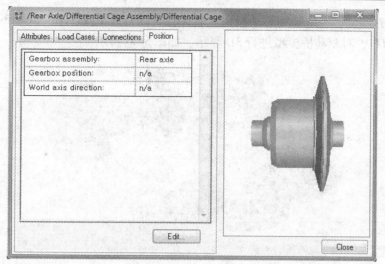

图　5-27

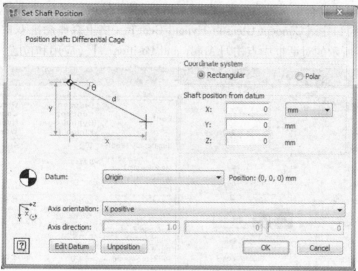

图　5-28

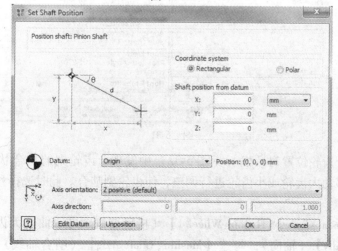

图　5-29

完成后,这些轴已经组装到驱动桥中。软件会自动打开 Rear Axle (Gearbox) [驱动桥(齿轮箱)] 窗口,对驱动桥模型进行 3D 显示,如图 5-30 所示。

图 5-30

至此,齿轮副并没有正常啮合。需要进行细微调整,使齿轮副正确啮合,操作如下:

● 双击设计窗口中【Concept Gleason Hypoid Gear】(格里森概念准双曲面齿轮) 选项,在弹出的图 5-31 所示的对话框中点击【Apply and Position...】(应用和位置) 按钮。

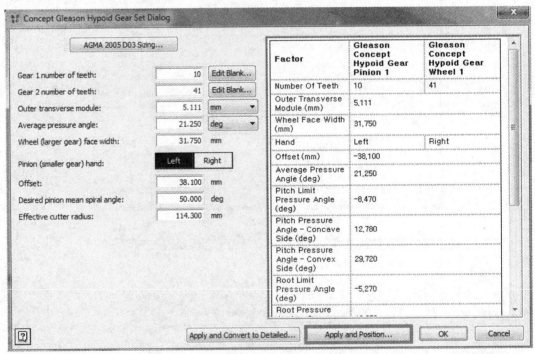

图 5-31

从弹出的啮合齿轮位置对话框 (见图 5-32) 中发现,齿轮副的啮合状态为非正确啮合状态。可以选择移动大齿轮或小齿轮进行调整,使齿轮副啮合。此时选择移动大齿轮,操作如下:

● 点击【Gleason Concept Hypoid Wheel 1】(格里森概念准双曲面大齿轮 1) 下面的选项,即勾选【Axially】(轴向);勾选【Meshing Shaft Axis】(啮合轴线);勾选【Normal】

（法向）；勾选择【Move shaft axially】（轴沿轴向移动），如图 5-33 所示。

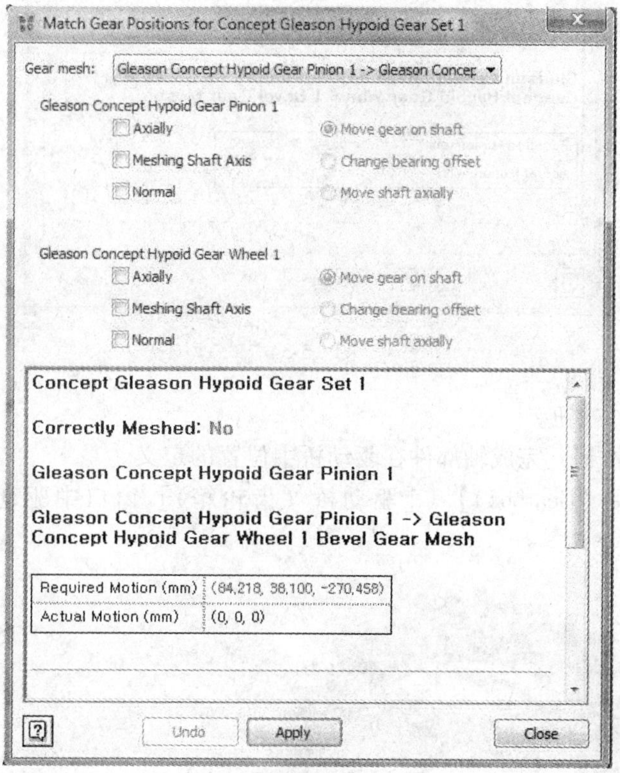

图　5-32

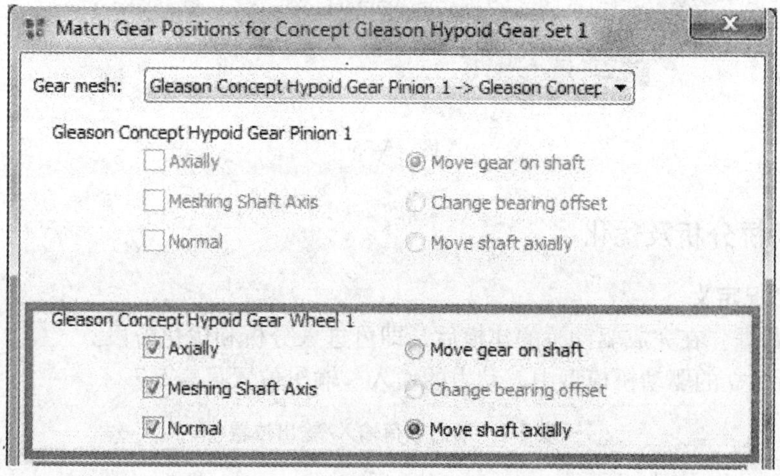

图　5-33

　　调整后，单击【Apply】（应用）按钮，发现信息栏中齿轮副啮合状态发生变化（见图 5-34），此时齿轮副啮合正常。

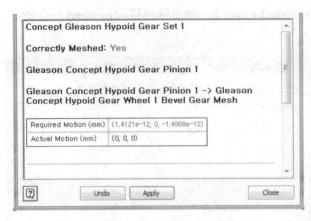

图　5-34

- 点击【Close】按钮。
- 点击【OK】按钮，完成轴部件在驱动桥中位置的定义。

现在【Rear Axle（Gearbox）】　［驱动桥（齿轮箱）］窗口中驱动桥 3D 模型显示如图 5-35 所示。

图　5-35

5.1.7　驱动桥分析及优化

1. 载荷工况定义

1）输入数据。在完成驱动桥的建模后，即可进入分析和优化阶段。

在本书所建立的驱动桥模型中，动力的输入、输出位置见表 5-7。

表 5-7　动力载荷输入/输出位置

Power Load（动力载荷）	Position（位置）
Power Input（动力输入）	0mm（小齿轮轴）
Power output（动力输出）	76mm（差速器壳）

驱动桥详细载荷工况见表5-8。

表 5-8　驱动桥详细载荷工况

载 荷 工 况	时间/hrs	温度/Deg	输入转速/rpm	输入功率/kW
Straight Travel（直行）	20	70	1000	100

2）定位驱动桥动力载荷。动力通过小齿轮轴左端输入驱动桥，操作如下：

● 从设计窗口打开【Pinion Shaft Assembly】（小齿轮轴装配件）的工作表。

● 在主窗口菜单中选择【Components】（部件）→【Loads】（负载）→【Power In/Out…】（功率输入/输出）命令，或者点击左侧菜单栏▐▌图标。

● 在轴上大概位置处单击，弹出如图 5-36 所示的对话框。在【Name】（名称）栏输入【Power Input】（功率输入），在【Offset】（偏置距离）栏输入 0mm。

图　5-36

● 点击【OK】按钮。

至此，对驱动桥动力输入位置的定义完成。

注意：目前阶段，仅定义了齿轮箱动力载荷输入的位置，不用定义转换后的功率（Transmitted Power）的具体数值。在随后定义载荷工况时将加入这些数值。

采用同样方法定义驱动桥动力输出位置，名称为【Power Output】（功率输出）。

3）定义载荷工况及功率流。完成动力输入、输出位置的定义后，需要定义载荷工况（功率流状况），操作如下：

● 双击模型中齿轮箱名称【Rear Axle】（驱动桥）打开齿轮箱工作表。

● 在主窗口菜单中选择【Analysis】（分析）→【Duty Cycle…】（载荷谱），如图 5-37 所示。

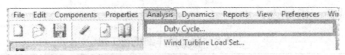

图 5-37

● 在弹出的对话框（见图 5-38）中点击【Add LC...】（增加工况）按钮。

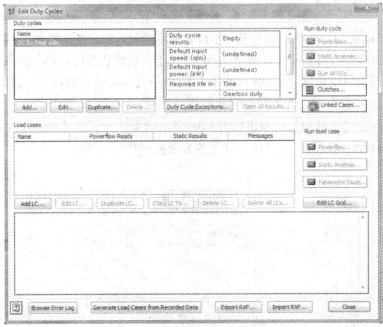

图 5-38

● 在弹出的对话框【System Power In/Out】（系统功率输入/输出）列表中选择【Power Input】（功率输入），点击【Edit...】（编辑）按钮或双击【Power Input】（功率输入）选项。

● 在弹出的对话框（见图 5-39）中，勾选【Define shaft speed】（定义轴速）选项，输

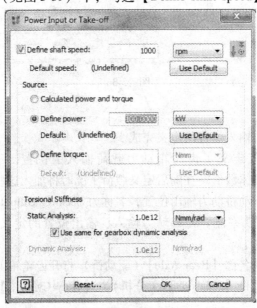

图 5-39

入【1000 rpm】；点选【Define power】（定义功率）选项，输入【100kW】。

　●点击【OK】按钮，完成载荷工况的定义。

　完成后，在图 5-40 所示窗口的【System Power In/Out：】（系统功率输入/输出）列表中的【Power Input】（功率输入）前将出现红色标记（小勾），证明已经完成了功率载荷的定义。该驱动桥有一个功率输入和一个功率输出，因此无需对其他功率载荷进行定义，其他的功率载荷通过自动计算即可获得。

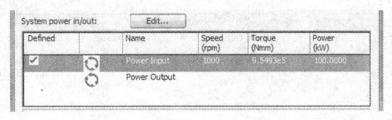

图　5-40

　●点击【Run...】（运行）按钮，弹出如图 5-41 所示的消息框。

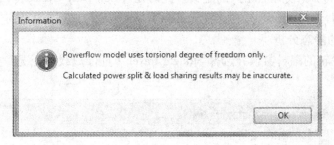

图　5-41

　注意：在功率流分析计算中只包含了转矩自由度。所有六个自由度将在轴的静态分析和载荷谱分析中考虑。

　●点击【OK】按钮。

　计算完成后弹出如图 5-42 所示的对话框。

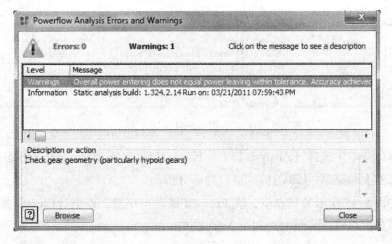

图　5-42

结果没有任何 Errors（错误），证明功率流分析成功完成。

● 点击【Close】按钮，发现功率输出（Power Output）已经自动计算完成，如图 5-43 所示。

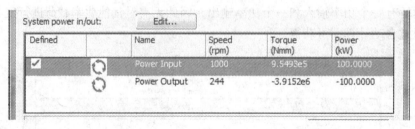

图　5-43

● 点击【OK】按钮。

结束上述操作后，将退出【Edit Powerflow Condition】（编辑功率流条件）对话框，完成 Straight travel（直行）（载荷工况）的定义。此时在【Edit Duty Cycles】（编辑载荷谱）对话框的【Load cases】（工况）列表中显示 Straight travel（直行）载荷工况定义成功完成。

2. 小齿轮轴的静态分析

● 打开小齿轮轴的编辑窗口并选择 Straight travel（直行）载荷工况，如图 5-44 所示。

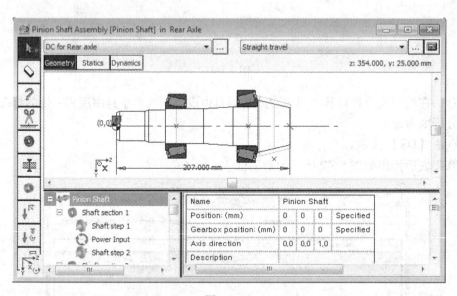

图　5-44

● 在主窗口菜单中选择【Analysis】（分析）→【Static Analysis...】（静态分析）命令，或者点击窗口右上角菜单栏 图标，进行静态分析。

● 弹出如图 5-45 所示的信息框，无 Errors（错误）信息，点击【Close】按钮。

● 分析结果窗口将自动打开，如图 5-46 所示。

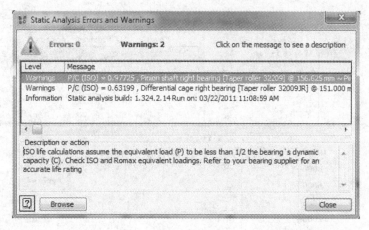

图　5-45

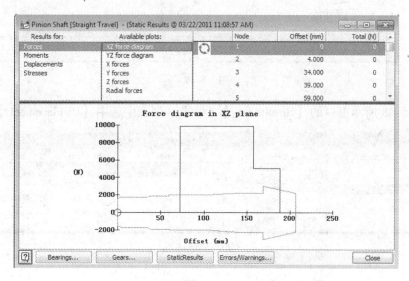

图　5-46

1）查看轴静态分析结果。静态分析将计算驱动桥部件在载荷工况下所受的力、力矩、偏移量和应力。可在静态分析结果窗口中浏览不同的计算结果。

- 在图 5-47 所示窗口的【Results for：】（结果）列表中选中【Forces】（方向力）。
- 在【Available plots：】（可用图）列表中选中【X forces】（X 方向力）。
- 点击【Available plots：】（可用图）列表中其他选项以观察不同的受力结果。
- 然后选中【Results for：】（结果）列表中其他选项以观察相应的各种受力分析结果。

注意：RomaxDesigner 软件使用有限元的表达法对轴进行静态分析。因此载荷并不是实际的分布状况，而是被分割成一系列离散的载荷。本示例中齿轮所受到的力被处理为分布于3 个节点上的力。因为这样的处理通常都可以满足精度要求。用户可以增加更多的节点来表示负载的分布。

本例中应当注意对偏移量的观察，如：X displacements（X 方向位移）。

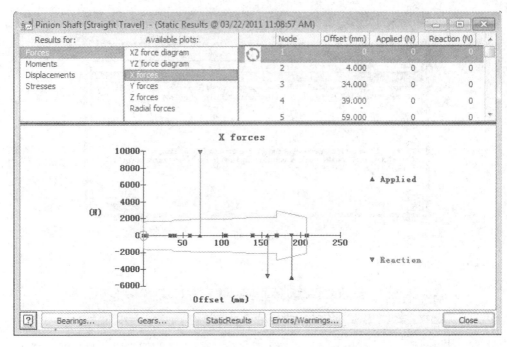

图 5-47

- 在图 5-48 所示窗口的【Results for:】（结果）列表中选中【Displacements】（位移）。

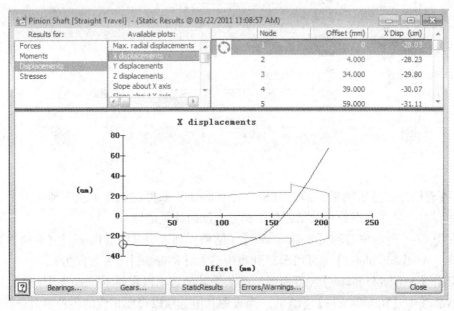

图 5-48

- 在【Available plots:】（可用图）列表中选中【X displacements】（X 方向位移）。
2）查看轴承静态分析结果，以查看轴承性能，操作如下：
- 点击图 5-48 窗口左下角的【Bearings…】（轴承）按钮，弹出如图 5-49 所示的对话框。

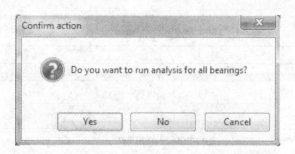

图　5-49

• 点击【Yes】按钮，弹出图 5-50 所示窗口。

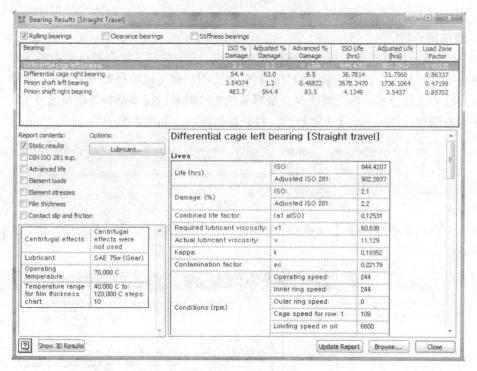

图　5-50

在查看轴承分析结果时，用户可使用鼠标左键选择不同轴上的不同轴承进行观察。重复上述操作，观察中间轴和输入轴的静态分析结果。

在 Differential cage right bearing（差速器壳右轴承）分析结果中，可以看到在结果显示窗口中出现了 warning（警告）信息，如图 5-51 所示。

出现该警告信息是因为，ISO 寿命计算中假定轴承的等价负载应小于其动态承载能力的一半，而本例中 ISO 等价负载为 39688.9N，该数据与计算的动态承载能力比为 0.63199。在这样的负载情况下，轴承有可能会承受边缘载荷，从而加速轴承的损伤。

同样在 Pinion Shaft right bearing（小齿轮轴右轴承）分析结果中也有类似的情况。因此需要采取相应的措施来减少轴承的过载。

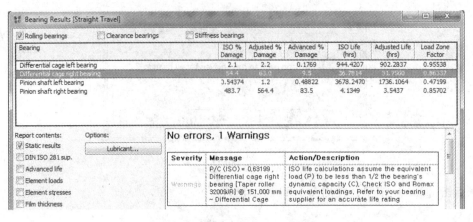

图　5-51

3. 载荷谱分析

1）进行驱动桥载荷谱分析。在前面的章节中，已经学习了如何对单个载荷工况进行轴的静态分析，并查看在这种负载下的损伤百分比。用户也可以单独地分析各个载荷谱，并将结果累加起来进行分析。然而最快也是最容易的方法就是运行驱动桥的载荷谱分析。

● 双击模型【Rear Axle】（驱动桥）打开编辑窗口，如图 5-52 所示。

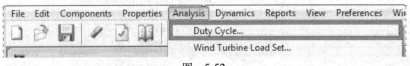

图　5-52

● 在主窗口菜单中选择【Analysis】（分析）→【Duty Cycle…】（载荷谱）弹出如图 5-53 所示的窗口。

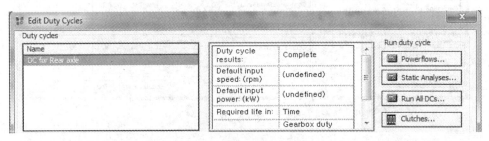

图　5-53

● 点击【Run All DC…】（运行所有载荷谱）按钮，弹出图 5-54 所示对话框。

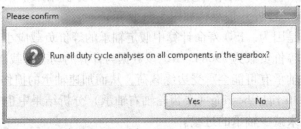

图　5-54

- 点击【Yes】按钮，当载荷谱分析完成后，将出现如图 5-55 所示的对话框。

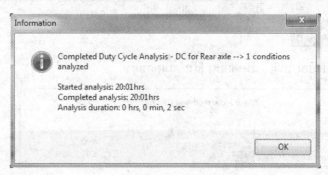

图 5-55

- 点击【OK】按钮，在图 5-56 所示的 Load cases（工况）栏里显示载荷工况定义完成。

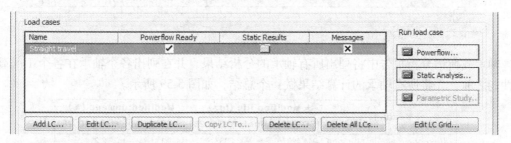

图 5-56

- 点击【OK】按钮。
- 返回到【Edit Duty Cycle】（编辑载荷谱）对话框，点击【Close】按钮。至此，载荷谱分析完成。

2）查看载荷谱分析结果。可以通过以下方法查看载荷谱分析结果：

- 在主窗口菜单中选择【Reports】（报告）→【Bearing Reports】（轴承报告）→【Bearing Duty Cycle Results...】（轴承载荷谱结果）命令，如图 5-57 所示。

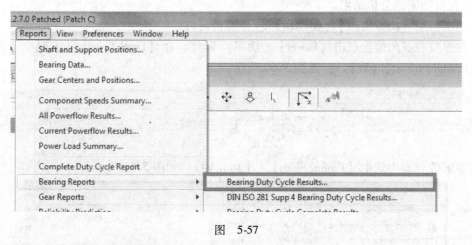

图 5-57

弹出如图 5-58 所示的对话框。

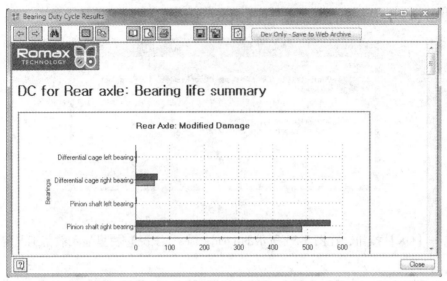

图　5-58

　　轴承载荷谱分析报告中将列出所有轴承的分析结果，并在列出各个轴承在各个工况载荷的性能之前，先将所有轴承的计算结果做一个总结，如图5-59所示。

Bearings	Modified life (hrs)		Modified damage (%)	
	ISO 281	Adjusted ISO 281	ISO 281	Adjusted ISO 281
Differential cage left bearing	944,4207	902,2837	2,1	2,2
Differential cage right bearing	36,7814	31,7560	54,4	63,0
Pinion shaft left bearing	3678,2470	1736,1064	0,54374	1,2
Pinion shaft right bearing	4,1349	3,5437	483,7	564,4

图　5-59

　　点击各个轴承的超链接，将跳转至该轴承在各个工况载荷下的详细报告。

　　由结果可知，小齿轮轴的右端轴承会很快失效，因为总的损伤百分比已经远远超过了100%。

　　3）查看功率流分析结果。

　　● 双击模型【Rear Axle】（驱动桥）打开编辑窗口。

　　● 在窗口右下角位置点击【Power】（功率）标签，在【Load Case】（工况）下拉菜单选中【Straight travel】（直行），如图5-60所示。

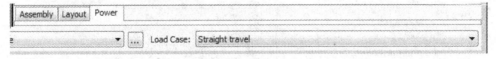

图　5-60

在零部件列表中选中【Pinion Shaft】（小齿轮轴），如图5-61所示。

	Name	Transmitting power	Speed (rpm)
	Differential Cage	✔	244
①	Differential cage left bearing	✘	244
	Power Output	✔	244
	Pinion Shaft	✔	1000

图　5-61

功率流详细分析结果则出现在该窗口的右边栏，如图 5-62 和图 5-63 所示。

Pinion Shaft

Speed: (rpm)	1000
Total torque: (Nmm)	4,0e-3
Total powerflow in: (kW)	100,0000
Total powerflow out: (kW)	100,0000
Total power lost: (kW)	4,1888e-7
Total efficiency:(%)	100,000

图　5-62

Connection	Power (kW)	Torque (Nmm)	Forces (N)			Moments (Nmm)		
Gleason Concept Hypoid Gear Pinion 1	-100,0000	-9,5493e5	- 5015,2	- 31004,6	- 38931,5	1,2467e5	1,1789e6	- 9,5493e5
Pinion shaft left bearing	0	0	9885,9	-8237,0	-3229,3	39017,096	45953,477	0
Pinion shaft right bearing	0	0	- 4870,7	39241,5	42160,8	-3,2703e5	-1,3474e5	0
Power Input	100,0000	9,5493e5	0	0	0	0	0	9,5493e5

图　5-63

用同样的方法查看差速器壳功率流分析结果。

4）检查齿轮啮合错位量。准双曲面齿轮副的啮合错位量是一个特别值得关注的分析结果，它直接影响齿轮的寿命和噪声指标。齿轮啮合错位量由齿轮副所安装的两根轴的变形量和轴承刚度来决定的。错位量的检查操作如下：

● 双击模型【Rear Axle】（驱动桥）打开编辑窗口。

● 在主窗口菜单中选择【Reports】（报告）→【Gear Reports】（齿轮报告）→【Gear Mesh Misalignments（FBetaX）...】［齿轮啮合错位量（FBetax）］命令，如图 5-64 所示。

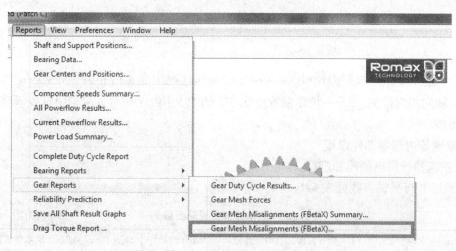

图　5-64

弹出如图 5-65 所示的窗口。

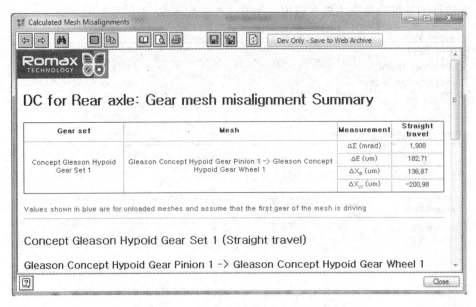

图 5-65

描述准双曲面齿轮啮合错位的参数如图 5-66 所示。

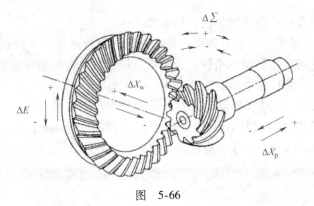

图 5-66

注：$\Delta\sum$ —小齿轮轴偏移角度，ΔX_p— 小齿轮相对中点轴向相对位移，ΔX_w— 大齿轮相对中点轴向相对位移，ΔE— 齿轮偏置变化率，例如，小齿轮相对大齿轮中轴线垂直方向上的相对偏移。

4. 差速器内部零部件建模

1）差速器行星轴创建和定位

① 差速器行星轴参数见表 5-9。

表 5-9   差速器行星轴参数   （单位：mm）

Name（名称）	Length（长度）	OD（外径）	Bore（内径）	Shaft Datum Offset（轴基准偏置距离）
Differential Pin（差速器行星轴）	120	20.5	0	60

- 在主窗口菜单中选择【Components】 （部件）→【Add New Assembly/Component…】

（添加新装配件/部件）。

• 在图5-67 所示的【New Part】（新零件）对话框的列表中选择【Planetary Shaft Assembly】（行星轴装配件）选项。

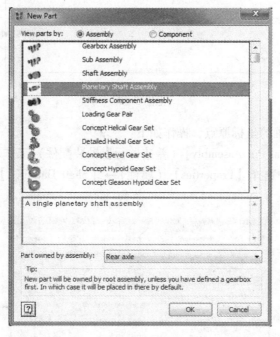

图　5-67

• 在【Part owned by assembly】（零件所属装配件）下拉菜单中选择【Rear axle】（后桥）选项。

• 点击【OK】按钮。

• 弹出如图 5-68 所示的对话框，输入销轴名称【Differential Pin】（差速器行星轴）；长度 =120mm；名义外径 =20.5mm；材料和表面处理两栏此处选默认值。

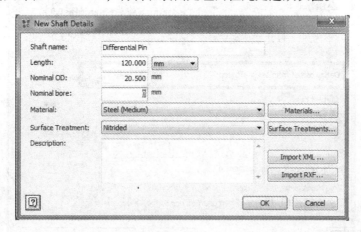

图　5-68

• 点击【OK】按钮。

【Differential Pin】（差速器行星轴）2D 图如图 5-69 所示。

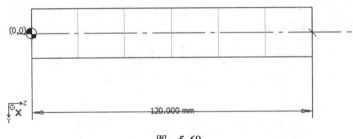

图 5-69

② 重新定义行星轴的坐标原点，操作如下：

• 激活【Differential Pin Assembly】（差速器行星轴装配件）工作表。

• 在主窗口菜单中选择【Properties】（属性）→【Shaft Datum…】（轴基准）命令，如图 5-70所示。

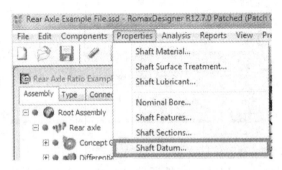

图 5-70

弹出对话框，如图 5-71 所示。

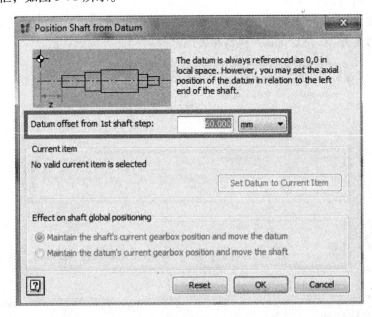

图 5-71

- 在【Datum offset from 1st shaft step】（第一阶梯起的基准偏置距离）栏输入 60mm。
- 点击【OK】按钮。

【Differential Pin】（差速器行星轴）2D 图如图 5-72 所示。

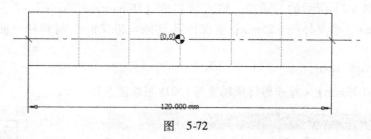

图　5-72

2）行星轴在差速器中的装配

① 创建行星轴支座。为了使行星轴在差速器中顺利地装配，需要创建一个行星轴支座，参数见表 5-10。

表 5-10　行星轴支座参数　　　　　　　　　　　单位（mm）

Name（名称）	Length（长度）	OD（外径）	Bore（内径）	Shaft Datum Offset（轴基准偏置距离）
Differential Mount（差速器行星轴支座）	8	25	20.7	0

- 在主窗口菜单中选择【Components】（部件）→【Add New Assembly/Component...】（添加新装配件/部件）命令。
- 在图 5-73 所示的【New Part】（新零件）对话框列表中选择【Planetary Shaft Assembly】（行星轴装配件）选项。

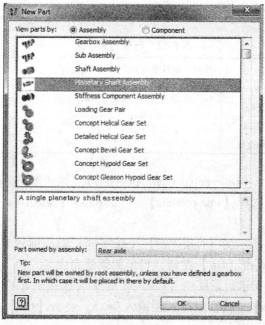

图　5-73

● 在【Part owned by assembly】（零件所属装配件）下拉菜单中选择【Rear axle】（后桥）选项。

● 点击【OK】按钮。

● 弹出如图 5-74 所示的对话框。输入轴名称【Differential Mount】（差速器行星轴支座）；长度＝8mm；名义外径＝25mm；名义内孔直径＝20.7mm；材料和表面处理两栏此处选择默认值。

● 点击【OK】按钮。

【Differential Mount】（差速器行星轴支座）2D 图如图 5-75 所示。

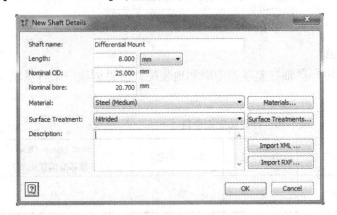

图　5-74　　　　　　　　　图　5-75

② 创建行星架，参数见表 5-11 和表 5-12。

表 5-11　行星架位置参数　　　　　　　　　　　　（单位：mm）

Name（名称）	Offset（偏置距离）
Differential Case（差速器壳体）	76.5

表 5-12　行星轮架参数　　　　　　　　　　　　（单位：mm）

	（行星架）	Offset（偏置距离）	PCD（节圆直径）	Angle（角度）	Remark（标注）
Connected to（连接至）	Differential Pin（差速器行星轴）	55	110	−90	Radial Pin（径向销轴）
	Differential Mount（差速器行星轴支座）	5	110	90	Radial Pin（径向销轴）

● 在设计窗口中双击【Differential Cage Assembly】（差速器壳装配件）打开编辑窗口。

● 在主窗口菜单中选择【Components】（部件）→【Add New Assembly/Component…】（添加新装配件/部件）。

● 在弹出的图 5-76 所示的【New Part】（新零件）对话框列表中选择【Planetary Shaft Carrier】（行星轴架），点击【OK】按钮，行星架创建完成。

● 在弹出的图 5-77 所示对话框的【Connect to:】（连接至）栏选择【Differential Cage】（差速器壳），在【Offset】（偏置距离）栏输入 76.5，点击【OK】按钮，弹出如图 5-78 所示的窗口。

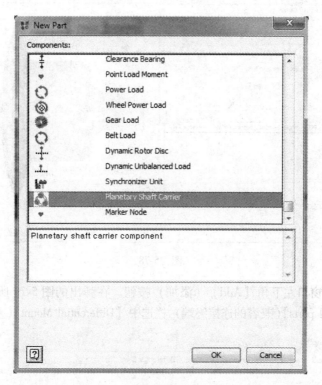

图 5-76

● 在图 5-76 所示的 [New Part] 对话框中，选择 [Planetary Shaft Carrier] 组件，单击 [OK] 按钮确定；接着在弹出的 [Compatible Bearing] 对话框中弹出对话框，选择 "差速器壳" [Differential Cage] 作为连接对象，如图

● 采用默认参数，单击 [Connect] 按钮，完成连接，如图 5-80 所示。

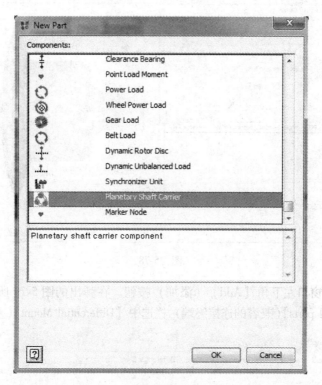

图 5-77

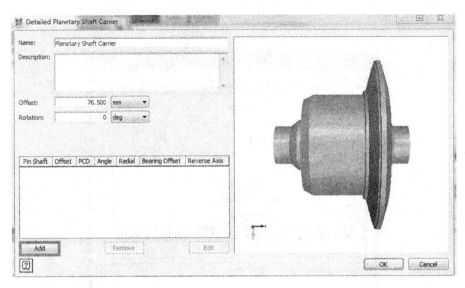

图　5-78

● 点击图 5-78 窗口左下角【Add】（添加）按钮。在弹出的图 5-79 所示的对话框中，在【Compatible terminal parts】（兼容的连接终端）栏选中【Differential Mount】（差速器行星轴支座）。

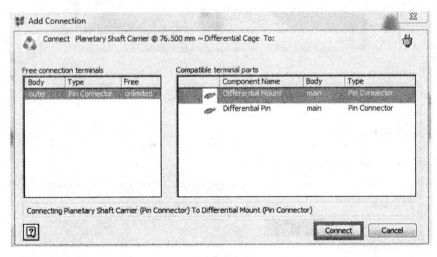

图　5-79

● 点击图 5-79 中【Connect】（连接）按钮。弹出如图 5-80 所示的提示框。

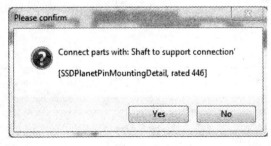

图　5-80

● 点击【Yes】按钮。弹出如图5-81所示的窗口。

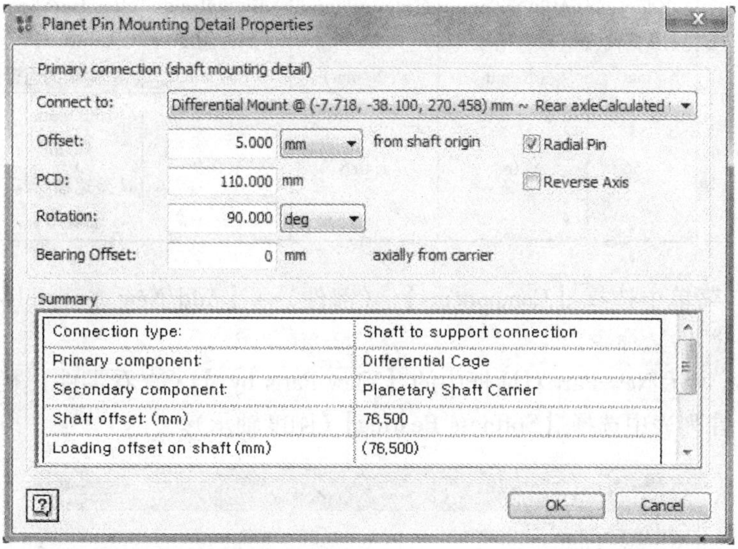

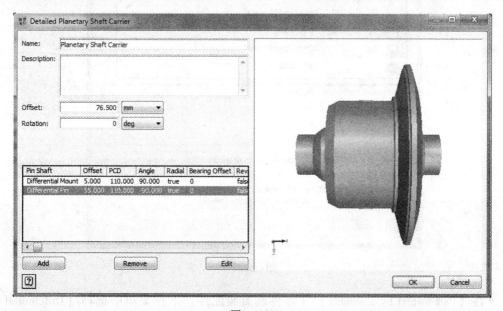

图 5-81

按照表5-12输入数据输入相应参数和勾选相应选项，点击【OK】按钮，至此完成行星架与行星轴支座的连接。

按照以上方法完成行星架与【Differential Pin】（差速器行星轴）的连接。完成后在【Detailed Planetary Shaft Carrier】（详细行星轴架）对话框的列表中显示，如图5-82所示。

图 5-82

③ 为行星轴添加刚度轴承。此时行星轴和行星轴支座之间没有任何连接形式，现在为两者之间添加刚度轴承（见表5-13），使两者之间形成滑动摩擦连接关系。

表 5-13　刚度轴承

Name （名称）	Offset（偏置距离）/mm	Axial Stiffness（轴向刚度）/（N/mm）	Radial Stiffness（向心刚度）/（N/mm）	Tilt Stiffness（斜向刚度）/（N/mm）	Housing/Shaft Connection（箱体/轴的连接）	Offset（偏置距离）
Stiffness Bearing：Differential Pin to Mount（刚度轴承：差速器行星轴至行星轴支座）	−56	0	1.0e6	1.0e9	Differential Mount（差速器行星轴支座）	Do not specify as already positioned（已定位无需定义）

• 在主窗口菜单中选择【Components】（部件）→【Add New Assembly/Component…】（添加新装配件/部件）命令。

• 在图 5-83 所示 New Part 对话框中的【View Parts by：】（查看零件）栏选择【Component】（部件），在列表中选择【Stiffness Bearing】（刚度轴承）。

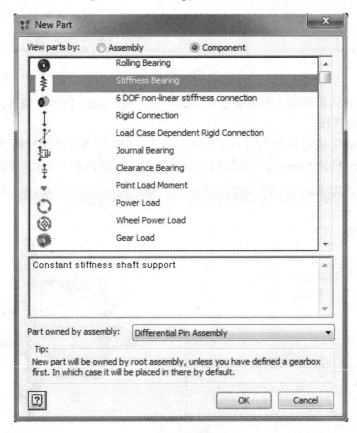

图　5-83

• 在【Part owned by assembly】（零件所属装配件）下拉菜单中选择【Differential Pin Assembly】（差速器行星轴装配件）。

• 点击【OK】按钮。

• 弹出如图 5-84 所示的窗口。

按照表 5-13 所列数据输入相应参数；在【Housing/Shaft：】（箱体/轴）栏选择【Differ-

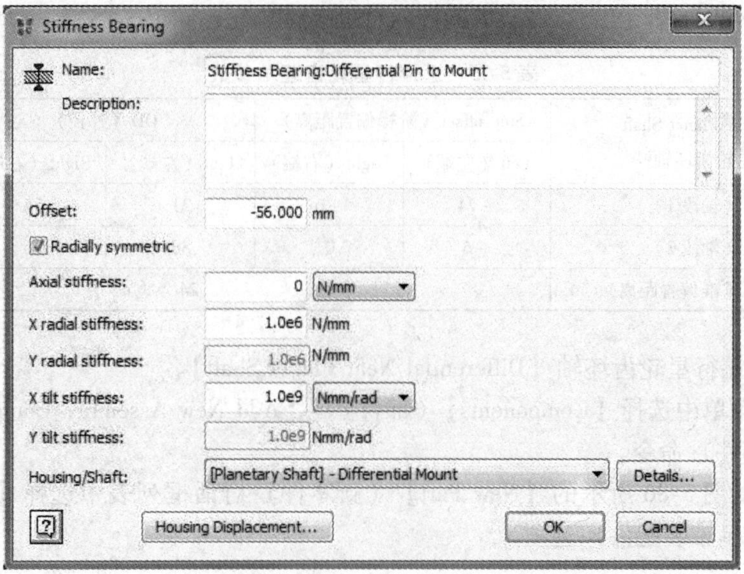

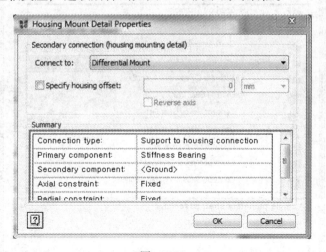

图　5-84

ential Mount】（行星轴支座）选项后弹出如图 5-85 所示的对话框。

图　5-85

- 此处无需输入相对壳体的偏置距离。直接点击【OK】按钮。

至此，行星轮轴在差速器中的装配已经完成。

3）创建行星轮齿坯轴。表 5-14 为近端行星轮齿坯轴（Differential Near Planet Shaft）参数表。

表 5-14　近端行星轮齿坯轴参数　　　　　　　　（单位：mm）

Differential Near Planet Shaft（近端行星轮齿坯轴）	Step offset（阶梯偏置距离）		OD（外径）		Bore（内径）
	Left（左端）	Right（右端）	Left（左端）	Right（右端）	
Section 1（轴段 1）	0	6	26	56	20.7
Section 2（轴段 2）	6	24	56	31	20.7
Datum offset（基准偏置距离）	0				

远端行星轮齿坯轴（Differential Far Planet Shaft）参数表见表5-15。

表 5-15　远端行星轮齿坯轴参数　　　　　　　（单位：mm）

Differential Far Planet Shaft （远端行星轮齿坯轴）	Step offset （阶梯偏置距离）		OD （外径）		Bore （内径）
	Left （左端）	Right （右端）	Left （左端）	Right （右端）	
Section 1 （轴段1）	−24	−6	31	56	20.7
Section 2 （轴段2）	−6	0	56	26	20.7
Datum offset （基准偏置距离）	24				

① 创建近端行星轮齿坯轴【Differential Near Planet Shaft】。

● 在主窗菜单中选择【Components】（部件）→【Add New Assembly/Component…】（添加新装配件/部件）命令。

● 在弹出的图 5-86 所示的【New Part】（新零件）对话框列表中选择【Planetary Shaft Assembly】（行星轴装配件）选项。

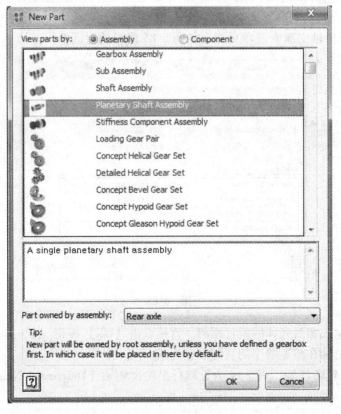

图 5-86

● 在【Part owned by assembly】（零件所属装配件）下拉菜单中选择【Rear axle】（后桥）选项，点击【OK】按钮。

● 弹出如图 5-87 所示的对话框。输入轴名称【Differential Near Planet Shaft】（近端行星轮齿坯轴）；长度 = 24mm；名义外径 = 56mm；名义内孔直径 = 20.7mm；材料和表面处理两栏此处选择默认值。

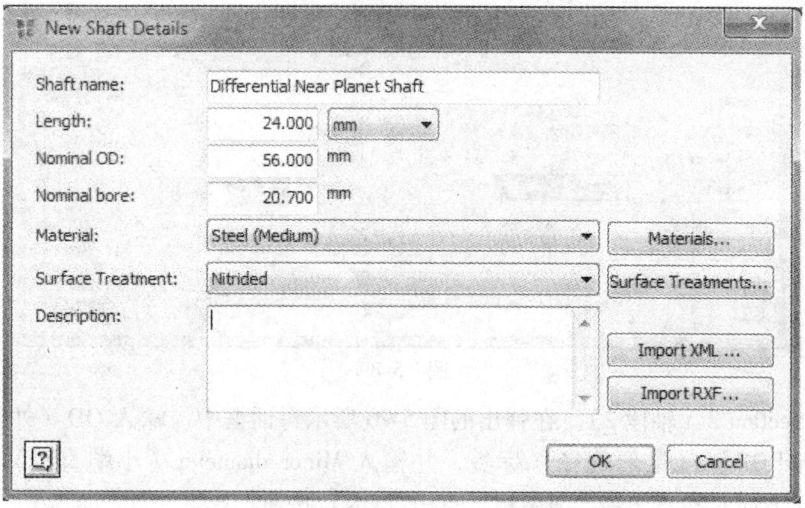

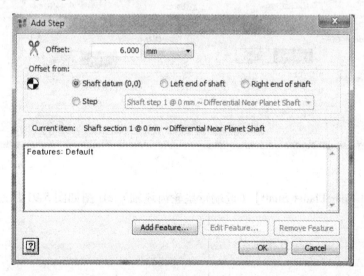

图 5-87

● 点击【OK】按钮。

● 点击装配件工作表中左侧工具栏 ✂ 图标，在轴上大概位置处单击，输入 Offset（偏置距离）=6mm，点击【OK】按钮，如图 5-88 所示。

图 5-88

● 点击装配件工作表中左侧工具栏 ↖ 图标，在【Differential Near Planet Shaft Assembly】（近端行星轮齿坯轴）模型中双击 Section 1（轴段 1）。在弹出的图 5-89 所示对话框中，输入 OD（外径）=56mm；选择【Tapered OD】（锥形外径）标签，并输入 Minor diameter（小端直径）=26mm；在【Direction】（方向）栏点击 图标。点击【OK】按钮。

● 点击装配件工作表中左侧菜单栏 ↖ 图标，在【Differential Near Planet Shaft Assembly】

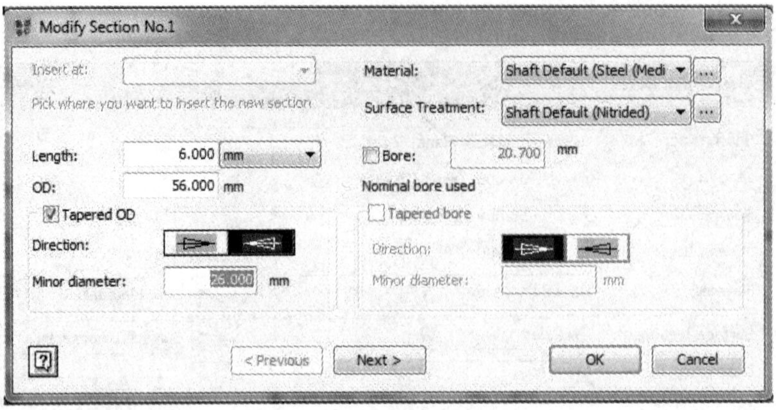

图　5-89

模型中双击 Section 2（轴段 2）。在弹出的图 5-90 所示对话框中，输入 OD（外径）= 56mm；选择【Tapered OD】（锥形外径）标签，并输入 Minor diameter（小端直径）= 31mm；在【Direction】（方向）栏点击  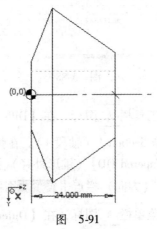 图标。点击【OK】按钮。

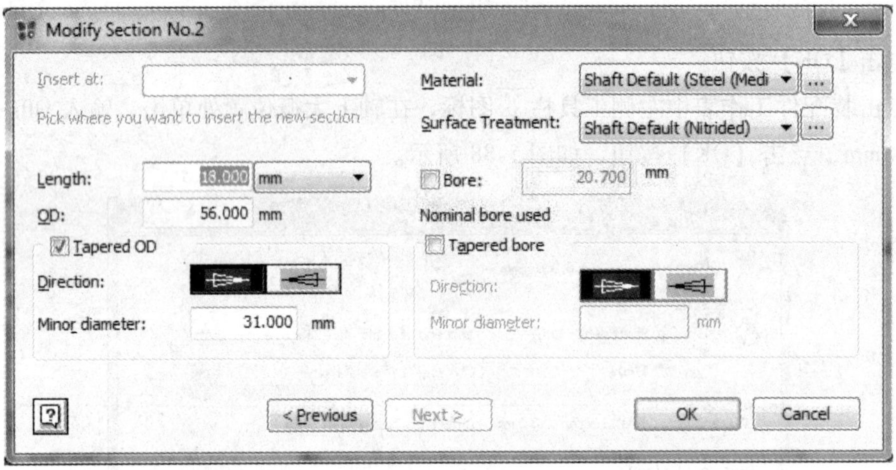

图　5-90

【Differential Near Planet Shaft】（近端行星轮齿坯轴）2D 图如图 5-91 所示。

图　5-91

② 用同样方法创建远端行星轮齿坯轴（Differential Far Planet Shaft），完成后 Differential Far Planet Shaft Assembly（远端行星轮齿坯轴）2D 图如图 5-92 所示。

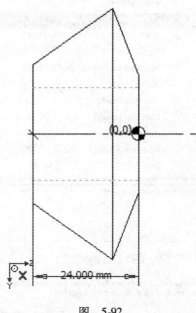

图　5-92

4）行星轮齿坯轴在差速器中的装配。因为行星轮齿坯在行星轮轴上转动，本示例中以刚度轴承模拟该连接。刚度轴承的详细信息见表 5-16 所列。

表 5-16　行星轮刚度轴承参数

Name（名称）	Stiffness Bearing：Differential Pin to Differential Near Planet Shaft（刚度轴承：差速器行星轴至近端行星轮齿坯轴）	Stiffness Bearing：Differential Pin to Differential Far Planet Shaft（刚度轴承：差速器行星轴至远端行星轮齿坯轴）
Offset（偏置距离）/mm	-35	35
Axial Stiffness（轴向刚度）/（N/mm）	1.0e6	1.0e6
Radial Stiffness（径向刚度）/（N/mm）	1.0e6	1.0e6
Tilt Stiffness（斜向刚度）/（N/mm）	1.0e9	1.0e9
Housing/Shaft（箱体/轴）	Differential Near Planet Shaft（近端行星轮齿坯轴）	Differential Far Planet Shaft（远端行星轮齿坯轴）
Offset（偏置距离）/mm	11.229	-11.229

• 在主窗口菜单中选择【Components】（部件）选项→【Add New Assembly/Component…】（添加新装配件/部件）命令。

• 在图 5-93 所示 New Part（新零件）对话框的【View Parts by：】（查看零件）栏选择【Component】（部件）选项。

• 在列表中选择【Stiffness Bearing】（刚度轴承）选项。

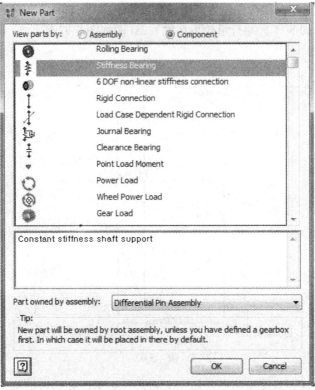

图 5-93

● 在【Part owned by assembly】（零件所属装配件）下拉菜单中选择【Differential Pin Assembly】（差速器行星轮轴装配件）。

● 点击【OK】按钮。

● 弹出如图 5-94 所示的对话框。

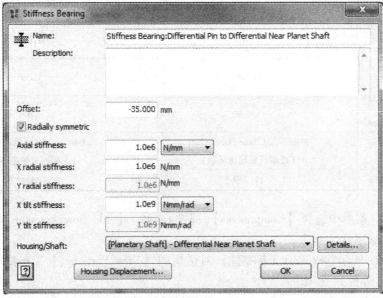

图 5-94

● 按照输入数据表 5-16 输入相应参数。

● 在【Housing/Shaft：】（箱体/轴）栏选择【Differential Near Planet Shaft】（近端行星轮轴）后弹出窗口，如图 5-95 所示；参照输入数据表 5-16 输入相对壳体的偏置距离 11.229mm，点击【OK】按钮。

至此，差速器行星轴与近端行星轮齿坯轴之间的刚度轴承添加完毕。

采用同样的方法添加刚度轴承：差速器行星轴至远端行星轮轴（Stiffness Bearing：Differential Pin to Differential Far Planet Shaft）。添加完毕后，Differential Pin Assembly（差速器行星轴装配件）的 2D 图如图 5-96 所示。

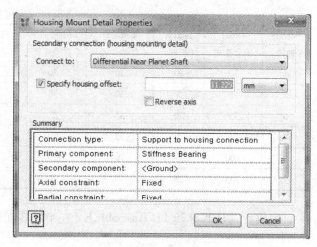

图 5-95

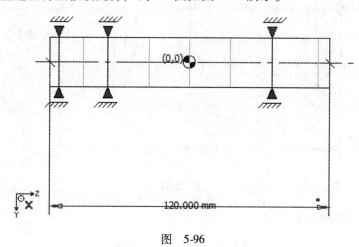

图 5-96

至此，行星轴和行星轮齿坯之间的刚度轴承已经添加完毕。

5）创建差速器输出半轴

① 创建左半轴和右半轴。按照前面所述轴的创建过程，参照表 5-17 和表 5-18 所列的左半轴和右半轴的详细参数创建两轴。

差速器左半轴参数见表 5-17。

表 5-17　差速器左半轴参数　　　　　　　　　　　　　（单位：mm）

Section（轴段）	Offset（偏置距离）	Length（长度）	Left OD（左端外径）	Right OD（右端外径）	Left Bore（左端内径）	Right Bore（右端内径）	Material（材料）
1	0	12	45.5	70	0	0	Steel（Medium）（中碳钢）
2	12	4	70	65	0	0	Steel（Medium）（中碳钢）
3	16	14	45	45	0	0	Steel（Medium）（中碳钢）

（续）

Section（轴段）	Offset（偏置距离）	Length（长度）	Left OD（左端外径）	Right OD（右端外径）	Left Bore（左端内径）	Right Bore（右端内径）	Material（材料）
4	30	40	30	30	0	0	Steel（Medium）（中碳钢）
5	70	5	30	35	0	0	Steel（Medium）（中碳钢）
6	75	20	35	35	0	0	Steel（Medium）（中碳钢）
7	95	5	35	70	0	0	Steel（Medium）（中碳钢）
8	100	5	70	70	35	60	Steel（Medium）（中碳钢）
9	105	25	70	70	60	60	Steel（Medium）（中碳钢）

完成后【Half Shaft LH Assembly】（左半轴装配件）2D 图如图 5-97 所示。

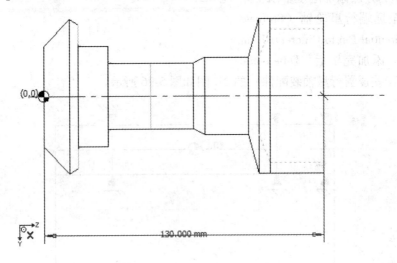

图　5-97

差速器右半轴参数见表 5-18。

表 5-18　差速器右半轴参数　　　　　　　　（单位：mm）

Section（轴段）	Offset（偏置距离）	Length（长度）	Left OD（左端外径）	Right OD（右端外径）	Left Bore（左内径）	Right Bore（右内径）	Material（材料）
1	0	25	70	70	60	60	Steel（Medium）（中碳钢）
2	25	5	70	70	60	35	Steel（Medium）（中碳钢）
3	30	5	70	35	0	0	Steel（Medium）（中碳钢）
4	35	20	35	35	0	0	Steel（Medium）（中碳钢）
5	55	5	35	30	0	0	Steel（Medium）（中碳钢）
6	60	40	30	30	0	0	Steel（Medium）（中碳钢）
7	100	14	45	45	0	0	Steel（Medium）（中碳钢）
8	114	4	65	70	0	0	Steel（Medium）（中碳钢）
9	118	12	70	45.5	0	0	Steel（Medium）（中碳钢）

完成后【Half Shaft RH Assembly】（右半轴装配件）2D 图如图 5-98 所示。

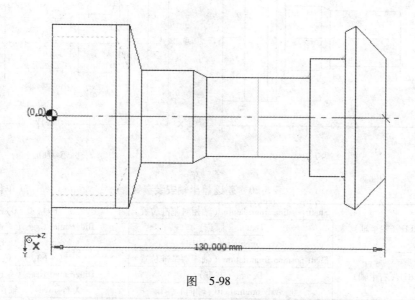

图　5-98

② 为左半轴和右半轴添加刚度轴承。刚度轴承参数见表 5-19。

表 5-19　刚度轴承参数

Name （名称）	Stiffness Bearing： Half Shaft LH to Diff Cage （刚度轴承：左半轴 至差速器壳）	Stiffness Bearing： Half Shaft LH Support （刚度轴承：左半 轴支承）	Stiffness Bearing： Half Shaft RH Support （刚度轴承：右半 轴支承）	Stiffness Bearing： Half Shaft RH to Diff Cage （刚度轴承：右半轴 至差速器壳）
	Left（左端）	Right（右端）	Left（左端）	Right（右端）
Offset（偏置距离）/mm	23	117.5	12.5	107
Axial Stiffness （轴向刚度）/（N/mm）	0	1.0e6	1.0e6	0
Radial Stiffness （径向刚度）/（N/mm）	1.0e6	1.0e6	1.0e6	1.0e6
Tilt Stiffness （斜向刚度）/（N/mm）	1.0e9	1.0e9	1.0e9	1.0e9
Housing/Shaft Connection （箱体/轴连接）	Diff Cage （差速器壳）	Ground （地面）	Ground （地面）	Diff Cage （差速器壳）
Offset（偏置距离）	Do not specify as already positioned（已定位无需定位）			

　　按照前述的添加刚度轴承的方法和步骤，参照表 5-19，添加两个半轴的刚度轴承。添加完毕后左、右半轴 2D 图分别如图 5-99 和图 5-100 所示。

　　6）装配差速器半轴。差速器通过差速器壳带动行星轮轴转动，从而通过左、右两个半轴输出转速和转矩。现在给出左、右两半轴在差速器中的详细安装信息（见表 5-20），指导本示例中半轴的安装。

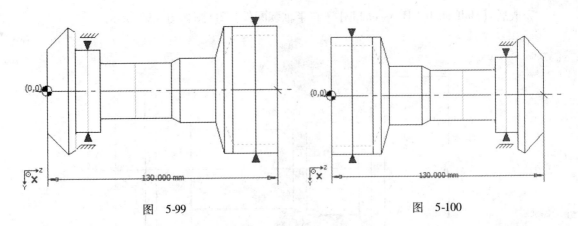

图　5-99　　　　　　　　　　　　　　　　　　图　5-100

表 5-20　　差速器半轴安装参数　　　　　　　　　（单位：mm）

Half Shaft LH（左半轴）	Shaft position from datum（轴相对基准位置）	(94, 0, 0)
	Datum（原点）	Differential Cage（差速器壳）
	Axis orientation（轴向）	X Positive（X轴正向）
Half Shaft RH（右半轴）	Shaft position from datum（轴相对基准位置）	(−69, 0, 0)
	Datum（基准）	Differential Cage（差速器壳）
	Axis orientation（轴向）	X Positive（X轴正向）

定义左半轴的位置，操作如下：

● 点击部件列表中【Half Shaft LH Assembly】（左半轴装配件）左侧的 ➕ 图标。

● 选中【Half Shaft LH】（左半轴）点击右键，在快捷菜单中选中【Properties…】（属性）选项。

● 在弹出的对话框中选择【Position】（位置）栏，点击【Edit…】（编辑）按钮。

● 在弹出的图 5-101 所示对话框中的【Coordinate system】（坐标系）栏点选 Rectangular（矩形），按照输入数据表 5-20 输入数值。

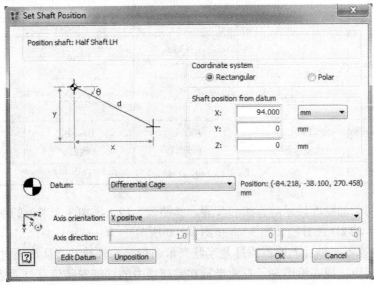

图　5-101

- 在【Datum】（基准）栏选择【Differential Cage】（差速器壳）。
- 在【Axis orientation】（轴向）栏选择【X Positive】（X 轴正向）。
- 点击【OK】按钮。
- 回到上一级菜单，点击【Close】按钮。

至此，完成左半轴位置的定义。重复以上操作，参照输入数据表 5-20，定义右半轴位置。完成后驱动桥 3D 显示如图 5-102 所示。

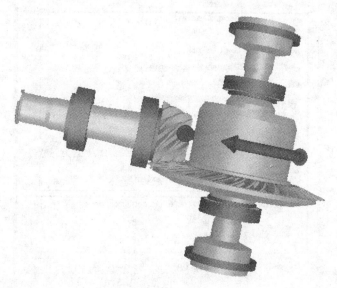

图　5-102

7）创建差速器概念行星轮

① 创建概念行星轮。差速器内部的行星轮为直齿锥齿轮副，齿轮副参数见表 5-21。

表 5-21　行星齿轮参数

Name（名称）		Differential Bevel Gear（差动锥齿轮）				
Gear set type（齿轮副类型）		Straight bevel（直齿锥齿轮）				
Module at mean pitch diameter（平均节圆时的模数）/mm		4. 338				
Gear detail（齿轮零件）		Face width（齿宽）/mm	Pitch angle（节锥角）（°）	Mean pitch diameter（平均节圆直径）/mm	No. of teeth（齿数）	Blank type（轮辐类型）
	Far planet pinion（远端行星小齿轮）	20	35. 537	43. 380	10	Integral（集成）
	Long output wheel（长输出大齿轮）	20	54. 462	60. 732	14	Integral（集成）
	Near planet pinion（近端行星小齿轮）	20	35. 537	43. 380	10	Integral（集成）
	Short output wheel（短输出大齿轮）	20	54. 462	60. 732	14	Integral（集成）

● 激活齿轮箱设计窗口。

● 在主窗口菜单中选择【Components】（部件）→【Add New Assembly】（添加新装配件）→【Component…】（部件）命令。

● 在图 5-103 所示的【New Part】（新零件）对话框列表中选择【Concept Bevel Gear Set】（概念锥齿轮副）选项。

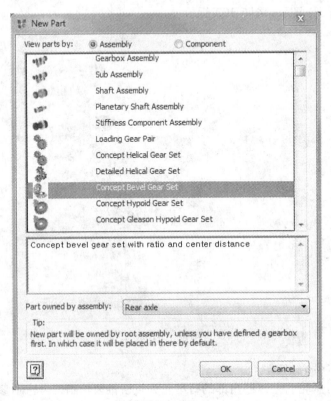

图　5-103

● 在【Part owned by assembly】（零件所属装配件）栏中选择【Rear axle】（后桥）选项。

● 点击【OK】按钮。

● 遵照表 5-21 输入【Far planet pinion】（远端行星小齿轮）和【Short Output Wheel】（短输出大齿轮）相应参数，完成后如图 5-104 所示。

● 因【Near Planet Pinion】（近端行星小齿轮）和【Far Planet Pinion】（远端行星小齿轮）参数相同，所以点击【Add Proxy】（添加代理）按钮。

在图 5-105 所示对话框的 Gear Name（齿轮名称）栏更改名称为【Near Planet Pinion】（近端行星小齿轮）。

● 因【Long Output Wheel】（长输出大齿轮）和【Short Output Wheel】（短输出大齿轮）参数相同，重复以上操作，完成【Long Output Wheel】（长输出大齿轮）的创建。

● 点击【Edit Gear Meshes Centers】（编辑齿轮啮合中心）按钮，在弹出的对话框（见图 5-106）中选择添加【Near Planet Pinion】（近端行星小齿轮）与【Short Output Wheel】（短输出大齿轮）和【Long Output Wheel】（长输出大齿轮）的啮合关系。重复操作添加【Far Planet Pinion】（远端行星小齿轮）和【Long Output Wheel】（长输出大齿轮）的啮合关系，完成后列表显示如图 5-107 所示。

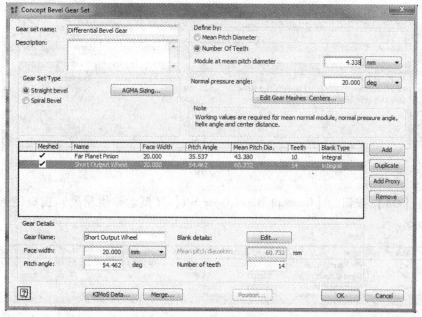

图　5-104

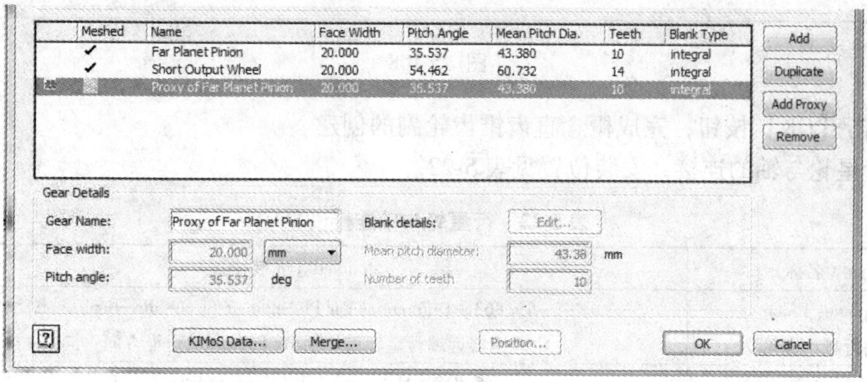

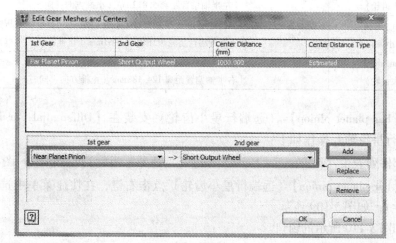

图　5-105

图　5-106

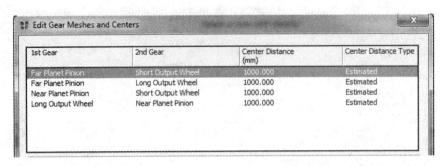

图　5-107

- 点击【OK】按钮，【Concept Bevel Gear Set】（概念锥齿轮副）窗口的列表显示如图 5-108 所示。

	Meshed	Name	Face Width	Pitch Angle	Mean Pitch Dia.	Teeth	Blank Type
	✔	Far Planet Pinion	20.000	35.537	43.380	10	integral
	✔	Short Output Wheel	20.000	54.462	60.732	14	integral
默	✔	Near Planet Pinion	20.000	35.537	43.380	10	integral
线	✔	Long Output Wheel	20.000	54.462	60.732	14	integral

图　5-108

- 点击【OK】按钮，完成概念直齿锥齿轮副的创建。

② 行星轮与轴的连接，安装位置见表 5-22。

表 5-22　行星轮与轴连接设置

Name（名称）	Mounted（安装位置）
Far planet pinion （远端行星小齿轮）	−15. 863@ Differential Far Planet shaft（Cone direction：Left） ［距差速器远端行星轮齿坯轴 15. 863mm（止推方向：向左）］
Long output Wheel （长输出大齿轮）	5. 812@ Half shaft LH（Cone direction：Left） ［左半轴偏置距离 5. 812mm（止推方向：向左）］
Near planet pinion （近端行星小齿轮）	15. 863@ Differential Near Planet shaft（Cone direction：Right） ［距差速器近端行星轮齿坯轴 15. 863mm（止推方向：向右）］
Short output wheel （短输出大齿轮）	124. 188@ Half shaft RH（Cone direction：Right） ［右半轴偏置距离 124. 188mm（止推方向：向右）］

首先将【Far planet pinion】（远端行星小齿轮）安装在【Differential Far Planet shaft】（差速器远端行星轮轴）操作如下：

- 点击部件列表中【Differential Bevel Gear】（差速器锥齿轮）左侧的 ➕ 图标。
- 选中【Far planet pinion】（远端行星小齿轮）点击右键，在快捷菜单中选中【Properties…】（属性），如图 5-109 所示。
- 弹出如图 5-110 所示的窗口。

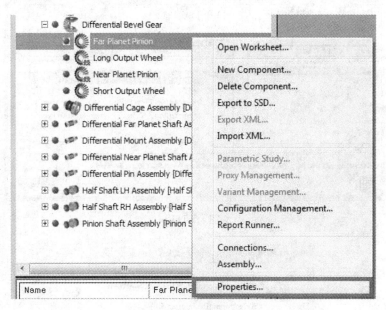

图　5-109

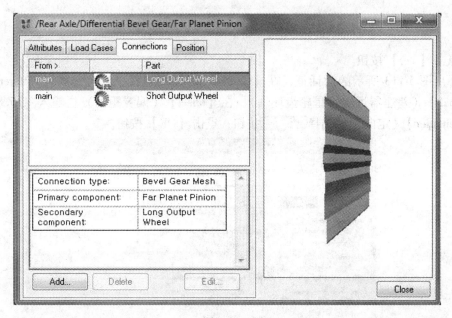

图　5-110

● 选中【Connections】（连接）栏，点击【Add】（添加）按钮；在弹出的图 5-111 所示的对话框的【Free connection terminals】（自由连接终端）列表中选中【Inner diameter】（内径）；按照输入数据表 5-22 在【Compatible terminal parts】（兼容终端零件）列表中选中【Differential Far Planet shaft】（差速器远端行星轮齿坯轴）。

● 点击【Connect】（连接）按钮，弹出图 5-112 所示提示框。

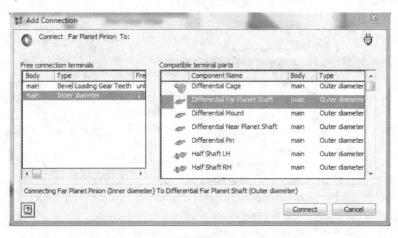

图 5-111

图 5-112

● 点击【Yes】按钮。

● 弹出图 5-113 所示的对话框，在【Connect to：】（连接至）栏选择【Differential Far Planet Shaft】（差速器远端行星轮齿坯轴）；在【offset】（偏置距离）栏输入 – 15.863mm；在【Orientation】（定向）栏选择 Left 按钮；点击【OK】按钮。

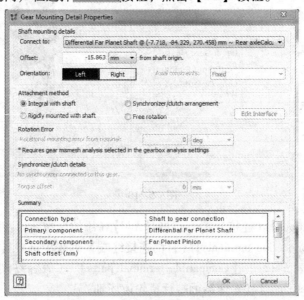

图 5-113

● 回到图 5-110 所示窗口，点击【Close】按钮。

完成上述操作后，Far planet pinion（远端行星小齿轮）已安装在 Differential Far Planet shaft（差速器远端行星轮齿坯轴）上，如图 5-114 所示。

按输入参数表 5-22 所述，用同样的方法将其余三个齿轮安装在相应的轴上。操作完成后，整个驱动桥的 3D 图如图 5-115 所示。

图　5-114　　　　　　　　　　　　　图　5-115

至此，完整的驱动桥建模完成。

5.1.8　完整驱动桥分析

1. 输入数据

在完成驱动桥的建模后，即可进入分析和优化阶段。

在 4.1.7 节的分析中，功率输出位置定在差速器壳上，现在应转移到左、右半轴上，位置见表 5-23。

表 5-23　功率输出位置

Power load（动力负载）	Position（位置）/mm	
Power Output （动力输出）	Half Shaft LH（左半轴）	130
	Half Shaft RH（右半轴）	0

驱动桥详细载荷工况见表 5-24。

表 5-24　驱动桥详细载荷工况

Load Case （载荷工况）	Duration （周期） （hrs）	温度 /Deg	Power Input（功率输入）		Power Output LH （左半轴功率输出）		Power Output RH （右半轴功率输出）	
			Speed （转速）/rpm	Power （功率）/kW	Speed （转速）/rpm	Power （功率）/kW	Speed （转速）/rpm	Power （功率）/kW
Straight travel （直线行程）	20	70	1000	100	计算	-50	计算	计算
Cornering （转向）	5	70	1000	100	计算	-30	计算	计算

2. 调整驱动桥功率输出位置

在重新定义功率输出点前，先删除【Differential Cage Assembly】（差速器壳装配件）栏下的【Power Output】（功率输出）。

参照输入参数表 5-23，重新定义功率输出点，操作如下：

- 从设计窗口打开【Half Shaft LH Assembly】（左半轴装配件）的工作表。
- 点击左侧工具栏 图标。
- 在轴上大概位置处单击，弹出如图 5-116 所示的对话框。在【Name】（名称）栏输入【Power Output LH】（左半轴功率输出）；在【Offset】（偏置距离）栏输入 130mm；点击【OK】按钮，确定驱动桥左半轴功率输出位置。

图　5-116

用同样方法定义驱动桥右半轴功率输出位置，名称为【Power Output RH】（右半轴功率输出）。

3. 定义载荷工况及功率流并进行分析

功率输出位置调整完毕后，需要定义载荷工况（功率流状况），操作如下：

- 双击模型【Rear Axle】（后桥）打开编辑窗口。
- 在主窗口菜单中选择【Analysis】（分析）→【Duty Cycle…】（载荷谱）命令，如图 5-117 所示。

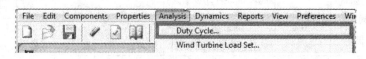

图　5-117

- 在弹出的对话框（见图 5-118）中点击【Edit LC…】（编辑工况）按钮。
- 在弹出的【Edit Powerflow Condition】（编辑功率流条件）窗口中的【System power in/

out】（系统功率输入/输出）列表中选中 Power Output LH（左半轴功率输出），如图5-119 所示。

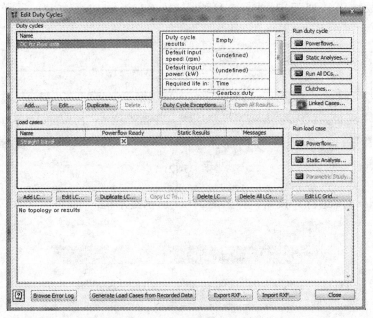

图　5-118

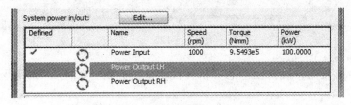

图　5-119

● 点击【Edit】（编辑）按钮，弹出图5-120 所示对话框。

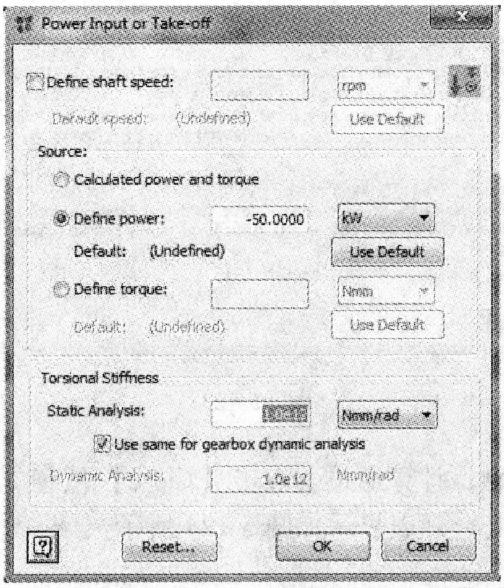

图　5-120

勾选 Define power（定义功率）栏并输入【–50kW】，点击【OK】按钮。

• 在【Edit Powerflow Condition】（编辑功率流条件）窗口中的【System power in/out】（系统功率输入/输出）列表中，Power Output LH（左半轴功率输出）已经定义完成，如图 5-121所示。

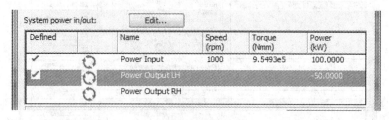

图　5-121

• 点击【Run】（运行）按钮，弹出图 5-122 所示提示框。

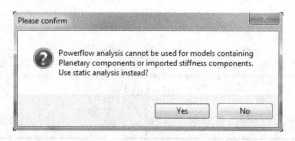

图　5-122

• 点击【Yes】按钮，确认由静态分析替代功率流分析，如图 5-123 所示。

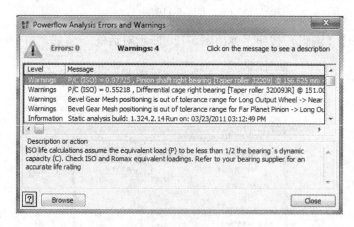

图　5-123

• 无 Errors（错误）信息，计算通过。点击【Close】按钮。计算完成后【System power in/out】（系统功率输入/输出）列表显示如图 5-124 所示。

System power in/out:
Edit...
Defined
Name
Speed (rpm)
Torque (Nmm)
Power (kW)
Power Input 1000 9.5493e5 100.0000
Power Output LH 244 -1.9576e6 -50.0000
Power Output RH 244 -1.9576e6 -50.0000

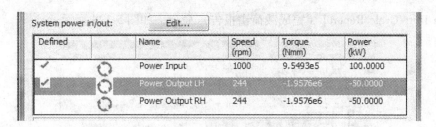

图　5-124

• 点击【OK】按钮，回到【Edit Duty Cycles】对话框。

• 在当前对话框中点击【Add LC…】（添加工况）按钮，按上述方法定义 Cornering（转向）载荷工况。

• 运行后【Edit Powerflow Condition】（编辑功率流条件）窗口中【System power in/out】（系统功率输入/输出）列表显示如图 5-125 所示。

System power in/out:
Edit...
Defined
Name
Speed (rpm)
Torque (Nmm)
Power (kW)
Power Input 1000 9.5493e5 100.0000
Power Output LH 146 -1.9576e6 -30.0000
Power Output RH 341 -1.9576e6 -70.0000

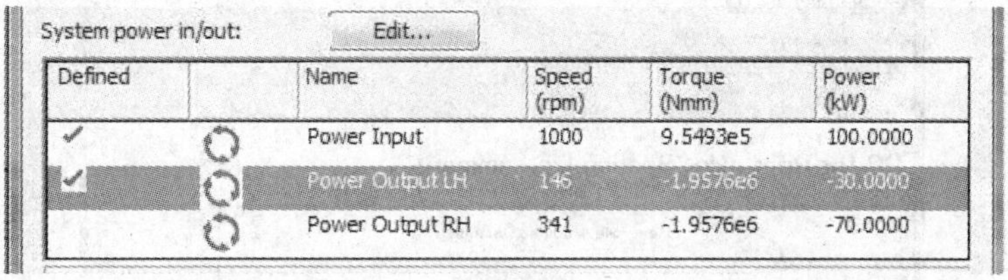

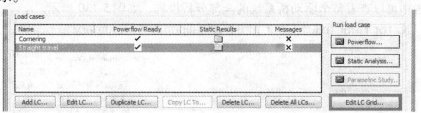

图　5-125

• 完成后【Edit Duty Cycle】（编辑载荷谱）对话框中 Load cases（工况）列表显示如图 5-126所示。

Load cases
Name
Powerflow Ready
Static Results
Messages
Cornering
Straight travel
Run load case
Powerflow...
Static Analysis...
Parametric Study...
Add LC...
Edit LC...
Duplicate LC...
Copy LC To...
Delete LC...
Delete All LCs...
Edit LC Grid...

图　5-126

4. 查看分析结果

• 点击 Load Cases（工况）列表右下角的【Edit LC Grid…】（编辑工况表格）按钮，查看功率流汇总情况，如图 5-127 所示。

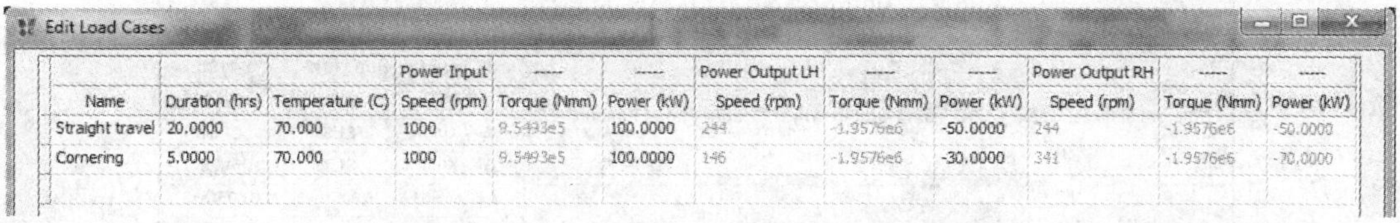

Edit Load Cases
Power Input ----- ----- Power Output LH ----- ----- Power Output RH ----- -----
Name Duration (hrs) Temperature (C) Speed (rpm) Torque (Nmm) Power (kW) Speed (rpm) Torque (Nmm) Power (kW) Speed (rpm) Torque (Nmm) Power (kW)
Straight travel 20.0000 70.000 1000 9.5493e5 100.0000 244 -1.9576e6 -50.0000 244 -1.9576e6 -50.0000
Cornering 5.0000 70.000 1000 9.5493e5 100.0000 146 -1.9576e6 -30.0000 341 -1.9576e6 -70.0000

图　5-127

其中包括差速器的功率分流、转矩和转速分流情况。

打开完整的载荷谱分析报告，查看包括差速器内部直齿锥齿轮在内的所有齿轮的啮合错位情况，操作如下：

• 激活【Rear Axle】（后桥）编辑窗口，点击主窗口菜单的【Reports】（报告）→

【Complete Duty Cycle Report】（完成载荷谱报告）命令，如图 5-128 所示。

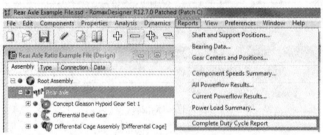

图 5-128

● 弹出如图 5-129 所示的报告窗口。

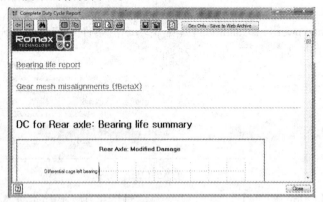

图 5-129

在报告中可以查看整个驱动桥系统的全部分析报告，如图 5-130 所示。

DC for Rear axle: Gear mesh misalignment Summary

Gear set	Mesh	Measurement	Cornering	Straight travel
Concept Gleason Hypoid Gear Set 1	Gleason Concept Hypoid Gear Pinion 1 -> Gleason Concept Hypoid Gear Wheel 1	$\Delta\Sigma$ (mrad)	1,861	1,861
		ΔE (um)	180,90	180,90
		ΔX_p (um)	134,77	134,77
		ΔX_W (um)	-195,94	-195,94
Differential Bevel Gear	Far Planet Pinion -> Long Output Wheel	$\Delta\Sigma$ (mrad)	-7,725e-2	-7,725e-2
		ΔE (um)	-242,24	-242,24
		ΔX_p (um)	18,43	18,43
		ΔX_W (um)	51,70	51,70
Differential Bevel Gear	Far Planet Pinion -> Short Output Wheel	$\Delta\Sigma$ (mrad)	3,2277e-2	3,2277e-2
		ΔE (um)	247,50	247,50
		ΔX_p (um)	14,34	14,34
		ΔX_W (um)	6,50	6,50
Differential Bevel Gear	Long Output Wheel -> Near Planet Pinion	$\Delta\Sigma$ (mrad)	0,11642	0,11642
		ΔE (um)	-253,32	-253,32
		ΔX_p (um)	21,94	21,94
		ΔX_W (um)	51,75	51,75
Differential Bevel Gear	Near Planet Pinion -> Short Output Wheel	$\Delta\Sigma$ (mrad)	6,8051e-3	6,8051e-3
		ΔE (um)	247,51	247,51
		ΔX_p (um)	26,06	26,06
		ΔX_W (um)	6,55	6,55

图 5-130

至此，完整的驱动桥概念设计及分析全部完成。接下来可以将概念准双曲面齿轮和概念直齿锥齿轮转化成详细设计模型，依据格里森标准进行强度分析等操作。

第6章 风电齿轮箱建模与分析实例

6.1 概念建模和分析

6.1.1 创建新的设计

启动 RomaxDesigner 软件并在主窗口菜单栏中选择【File】（文件）→【New】（新建）命令，或者点击新建图标，如图 6-1 所示。输入名字：Wind Turbine Example File（风机示例文件）；输入作者：用户名（默认为电脑名）；在润滑类型栏的下拉菜单中选择【ISO VG 320 Mineral】；最后，点击【OK】按钮。

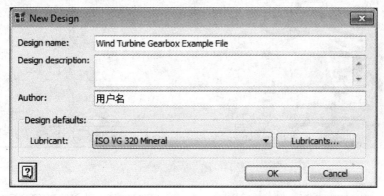

图　6-1

6.1.2 创建齿轮箱

• 在主窗口菜单栏中选择【Components】（部件）→【Add New Assembly/Component...】（添加新装配件/部件）命令，弹出图 6-2 所示的对话框，选择【Gearbox Assembly】（齿轮箱装配件）选项，点击【OK】按钮。

• 弹出图 6-3 所示的对话框，选择 Empty（空齿轮箱），并点击【OK】按钮。

• 在弹出的 New Gearbox（新建齿轮箱）对话框中输入齿轮箱名称：2 MW WTG，点击【OK】按钮，如图 6-4 所示。

至此，2MW WTG 风电齿轮箱创建完成，如图 6-5 所示。

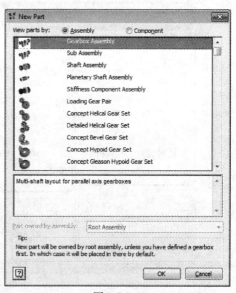

图　6-2

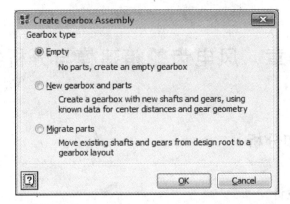

图　6-3

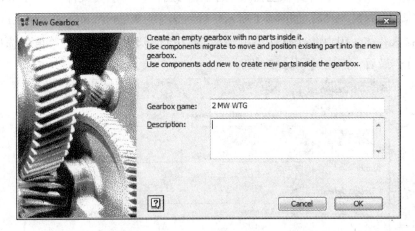

图　6-4

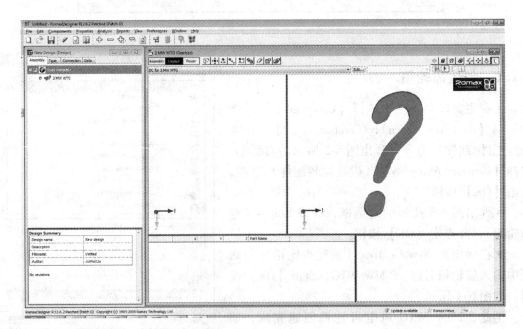

图　6-5

6.1.3　创建轴

1. 创建 Stage 1 Planet Carrier（一级行星架轴）

用前述方法创建【Stage 1 Planet Carrier】（一级行星架），其参数值见表6-1。

表 6-1　一级行星架参数

（单位：mm）

Section（轴段）	Offset（偏置距离）	Length（长度）	OD（外径）	Bore（内径）	Material（材料）
1	0	250	800	550	Steel（钢）
2	250	100	850	550	Steel（钢）
3	350	50	900	550	Steel（钢）
4	400	100	1400	5500	Steel（钢）
5	500	400	1400	900	Steel（钢）
6	900	100	1400	900	Steel（钢）
7	1000	50	900	650	Steel（钢）
8	1050	100	801	650	Steel（钢）

创建后，【Stage 1 Planet Carrier】（一级行星架）轴的2D图如图6-6所示。

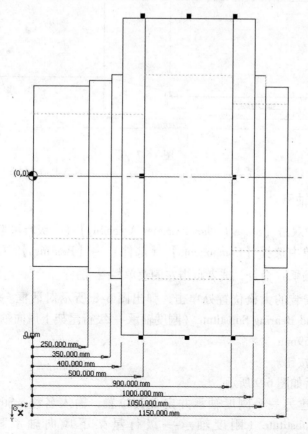

图　6-6

2. 创建太阳轴（Sun Shaft）

用前述方法创建太阳轴，参数值见表 6-2。

（单位：mm）

表 6-2　太阳轴参数

Section （轴段）	Offset （偏置距离）	Length （长度）	Left OD （左端外径）	Right OD （右端外径）	Left Bore （左端内径）	Right Bore （右端内径）	Material （材料）
1	0	400	398	—	280	—	Steel（钢）
2	400	150	380	320	280	220	Steel（钢）
3	550	250	320	—	220	—	Steel（钢）

创建后，太阳轴的 2D 图如图 6-7 所示。

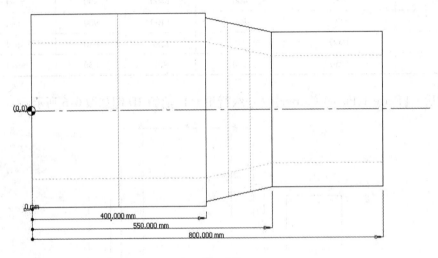

图　6-7

6.1.4　添加刚度轴承

- 在设计窗口中双击【Stage 1 Planet Carrier Assembly】（一级行星架装配件）。
- 在主窗口菜单中选择【Components】（部件）→【Bearings】（轴承）→【Stiffness Bearing...】（刚度轴承）命令，或者点击左侧菜单栏 图标。
- 在轴上轴承安装的大概位置处单击，弹出图 6-8 所示对话框。输入名称：Stiffness-Stage 1 Carrier Upwind Bearing Substitute（刚度轴承-一级行星架上风向轴承替代）；输入偏置距离：offset = 303.169mm。
- 点击【OK】按钮。

刚度轴承安装后如图 6-9 所示。

同上述方法创建另一个刚度轴承并定义其位置，输入名称：Stiffness-Stage 1 Carrier Downwind Bearing Substitute（刚度轴承-一级行星架下风向轴承替代）；偏置距离：1079.369mm。

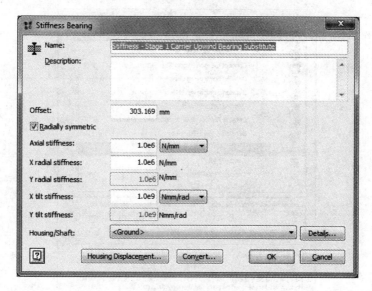

图　6-8

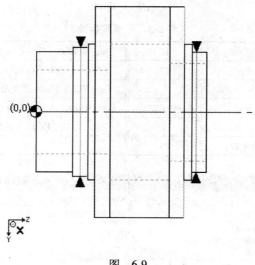

图　6-9

6.1.5　行星轮概念模型建模

1. 创建并定义行星轮

● 激活设计窗口。

● 在主窗口菜单栏中选择【Components】（部件）→【Add New Assembly/Component...】（添加新装配件/部件）命令。在【New Part】（新零件）对话框列表中选择【Concept Planetary】（概念行星齿轮副）选项，点击【OK】按钮，如图 6-10 所示。

● 参照表 6-3 在【Planetary design tool】（行星齿轮设计工具）的窗口中输入行星轮参数，如图 6-11 所示。

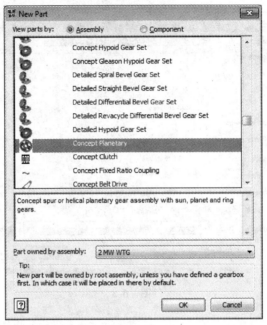

图 6-10

表 6-3 行星轮参数

Normal Module（法向模数）/mm	15	No. of Teeth（Planet）（行星轮齿数）	43
Pressure angle（压力角）/deg	20	No. of Teeth（Ring）（齿圈个数）	115
Helix angle（螺旋角）/deg	8	Face Width（Sun）（太阳轮齿宽）/mm	400
Sun hand（太阳轮旋向）	Left（左）	Face Width（Planet）（行星轮齿宽）/mm	400
Number of Planets（行星轮个数）	3	Face Width（Ring）（齿圈齿宽）/mm	400
No. of Teeth（Sun）（太阳轮齿数）	29		

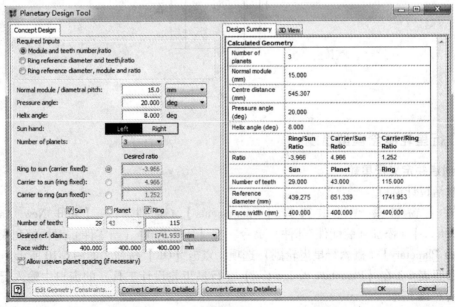

图 6-11

● 单击 3D View（三维视图）观察所建立的行星轮三维模型（见图 6-12），点击【OK】按钮。

● 在设计窗口中右键单击【Concept Planetary】（概念行星轮副），选择【Properties】（属性），单击【Name】（名称）选项，将其重命名为【Stage 1 Concept Planetary Gear Set】（一级概念行星齿轮组）。按同样的方法对该目录下的零件进行重命名，如图 6-13 所示。

图　6-12

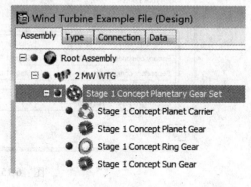

图　6-13

2. 定义行星架的连接

● 在设计窗口中，右键单击【Stage 1 Concept Planet Carrier】（一级概念行星架）→【Properties】（属性）命令。

● 选择【Connections】（连接）选项，如图 6-14 所示。

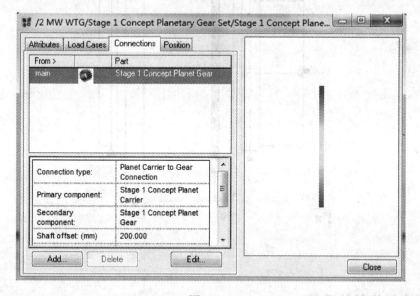

图　6-14

● 点击【Add...】（添加）按钮，在弹出的图 6-15 所示对话框中选择 Stage 1 Planet Carrier（一级行星架），单击【Connect】（连接）；输入装配偏置距离：offset = 500mm，点击【OK】按钮。

● 回到行星架窗口，点击【Close】按钮。

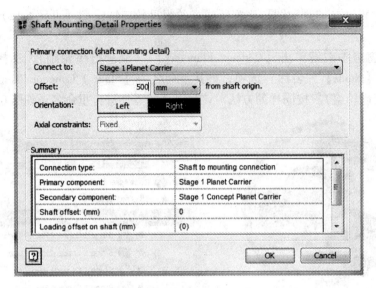

图　6-15

连接完成后，第一级行星架在轴上的安装如图 6-16 所示。

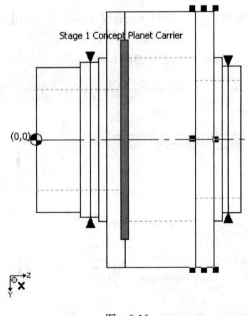

图　6-16

6.1.6　概念斜齿轮的建模

1. 创建并定义斜齿轮

● 激活设计窗口。

● 在主窗口菜单栏中选择【Components】（部件）→【Add New Assembly】（添加新装配件）→【Assembly】（装配件）命令，在【New Part】（新零件）对话框列表中选择

【Concept Helical Gear Set】（概念斜齿轮副），点击【OK】按钮，如图6-17所示。

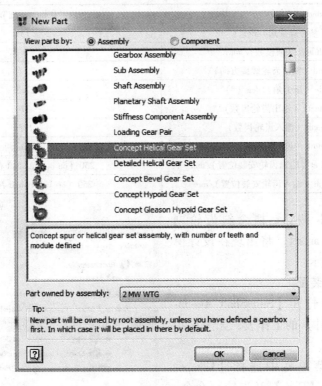

图 6-17

● 在图6-18所示对话框中输入齿轮副名称：Stage 3 Concept Helical Gear Set（三级概念斜齿轮副）；参照表6-4数据，输入齿轮的其他参数。

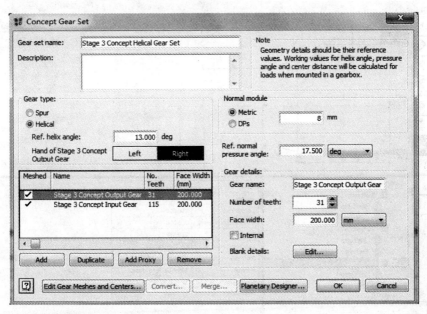

图 6-18

表 6-4　斜齿轮副参数

Parameter（参数）	Details（细节）
Helix angle（参考螺旋角）/deg（°）	13
Normal module（法向模数）/mm	8
Output gear hand（输出齿轮螺旋方向）	Right（右）
Pressure angle（压力角）/deg（°）	17.5
Output gear teeth（输出齿轮齿数）	31
Input gear teeth（输入齿轮齿数）	115
Face width（齿宽）/mm	200（both gears 两个齿轮）
Output gear mounted at（输出齿轮安装位置）/mm	250（on output shaft 在输出轴）
Input gear mounted at（输入齿轮安装位置）/mm	250（on Input shaft 在输入轴）

● 点击【OK】按钮。概念斜齿轮副
（Concept Helical Gear set）将出现在设计窗
口中，如图 6-19 所示。

2. 齿轮与轴的装配

● 从设计窗口打开【Sun Shaft Assem-
bly】（太阳轴装配件）的工作表，如图 6-20
所示。

● 在主窗口菜单栏中选择【Compo-
nents】（部件）→【Gear】（齿轮）命令，
或者点击装配工作表的左侧工具栏 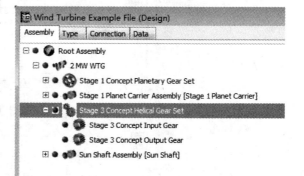 图标，
如图 6-20 所示。

图　6-19

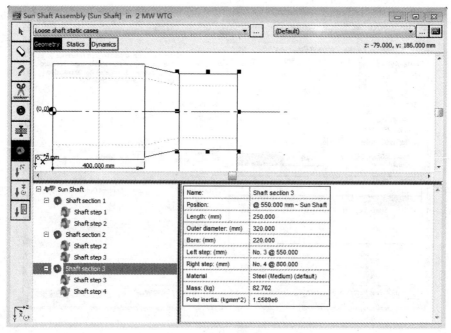

图　6-20

● 在轴上大概位置处单击，弹出的对话框中点击【Select From Gear Set...】（从齿轮副选择），如图 6-21 所示。

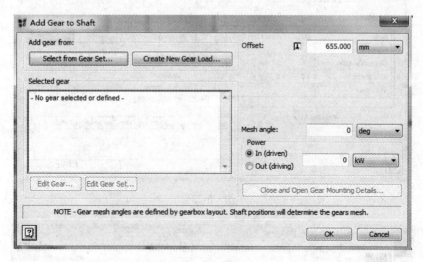

图　6-21

● 在弹出的图 6-22 所示对话框中选择【Stage 1 Concept Sun Gear】（一级概念太阳轮），点击【Select】。

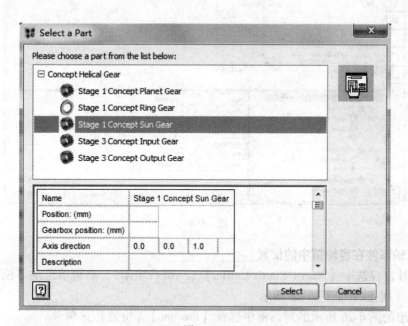

图　6-22

● 在弹出的图 6-23 所示的对话框中，输入偏置距离 offset = 200mm，点击【OK】按钮。安装完成后，齿轮与轴的装配如图 6-24 所示。

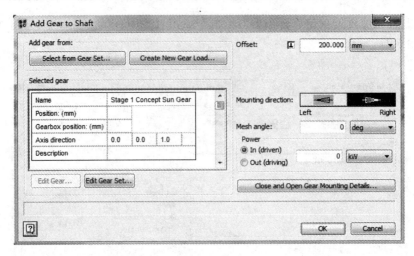

图　6-23

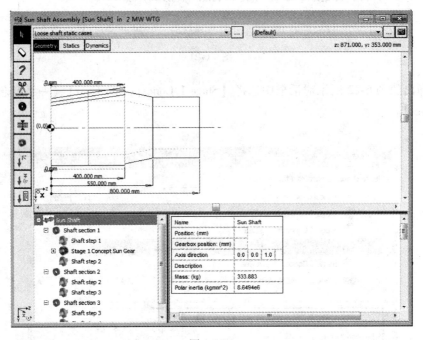

图　6-24

3. 定义轴部件在齿轮箱中的位置

• 从设计窗口选中【Stage1 Planet Carrier】（一级行星架），右键单击从下拉菜单中选择【Properties】（属性），如图 6-25 所示。

• 在弹出的图 6-26 所示的对话框中选择【Position】（位置）选项卡。

• 点击【Edit】（编辑），进入位置定义对话框，如图 6-27 所示。

输入 X = 0，Y = 0，Z = 0，点击【OK】按钮，第一级行星架在齿轮箱中的位置定义完成。

同样方法定义【Sun shaft】（太阳轴），太阳轴在齿轮箱的位置为：X = 0，Y = 0，Z = 500mm。最后，将【Sun shaft】（太阳轴）更名为【Stage 1 Sun Shaft】（一级太阳轴）。

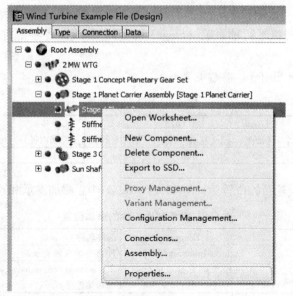

图 6-25

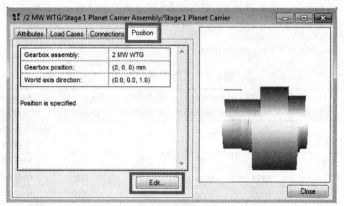

图 6-26

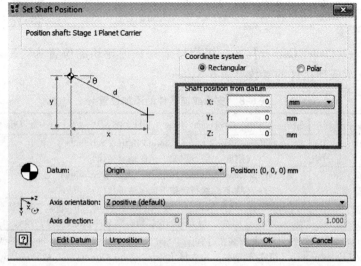

图 6-27

除了上述部件外，用同样的方法创建输入轴（Input Shaft）、第二级行星轮系统（Stage2 Planetary system）、第三级平行轴系统（Stage3 Parallel Shaft）等零部件，并定义各个部件的位置和相互关系。

1）输入轴（Input Shaft）。参数见表6-5。

表6-5　输入轴参数　　　　　　　（单位：mm）

Section（轴段）	Offset（偏置距离）	Length（长度）	Left OD（左端外径）	Right OD（右端外径）	Left Bore（左端内径）	Right Bore（右端内径）	Material（材料）
1	−300	600	580	580	420	420	Steel（钢）

定位：输入轴在齿轮箱的位置为：X = 0，Y = 0，Z = 0。添加支承和连接件的位置见表6-6。

表6-6　支承和连接件的添加位置

Component（部件）	Component Name（部件名称）	Offset（偏置距离）/mm
Stiffness Brg（刚度支承）	Stiffness-Input Shaft Support（刚度—输入轴支承）	124.75
Rigid Connection（刚性连接）	Stage 1 Planet Carrier to Input Shaft（housing connection）［一级行星架至输入轴（箱体连接）］	125

注：刚性连接（Rigid Connection）建立并安装在一级行星架（Stage 1 Planet Carrier）偏置距离为125mm的位置。选择 housing/shaft connection（箱体/轴连接）建立与【Input Shaft】（输入轴）的连接，可以不指定 Offset（偏置距离）。

2）二级行星架（Stage2 Planet Carrier）。参数见表6-7。

表6-7　二级行星架参数　　　　　　（单位：mm）

Section（轴段）	Offset（偏置距离）	Length（长度）	Left OD（左端外径）	Right OD（右端外径）	Left Bore（左端内径）	Right Bore（右端内径）	Material（材料）	Surface Treatment（表面处理方式）
1	0	100	406.4	406.4	370	370	Steel（Medium）（中碳钢）	Nitrided（氮化）
2	100	50	550	550	370	370	中碳钢	（氮化）
3	150	70	1050	1050	370	370	中碳钢	（氮化）
4	220	200	1050	1050	450	450	中碳钢	（氮化）
5	420	70	1050	1050	250	250	中碳钢	（氮化）
6	490	50	550	550	250	250	中碳钢	（氮化）
7	540	100	482.6	482.6	250	250	中碳钢	（氮化）

定位：【Stage2 Planet Carrier】（二级行星架）在齿轮箱的位置为：X = 0，Y = 0，Z = 1200mm。添加支承或连接件的参数见表6-8。

表6-8　支承或连接件的添加位置

Component（部件）	Component Name（部件名称）	Offset（偏置距离）/mm
Stiffness Brg1（刚度支承1）	Stiffness-Stage 2 Carrier Upwind Bearing Substitute（刚度-二级行星架上风向轴承替代）	61
Stiffness Brg2（刚度支承2）	Stiffness-Stage 2 Carrier Downwind Bearing Substitute（刚度-二级行星架下风向轴承替代）	587.5
Rigid Connection（刚性连接）	Rigid-Stage 1 Sun Shaft to Stage 2 Planet Carrier（housing connection）［刚性—一级太阳轴至二级行星架（齿圈连接）］	50

注：Rigid Connection（刚性连接）建立并安装在【Stage 1 Sun Shaft】（一级太阳轴）轴偏置距离为750mm的位置，选择 housing/shaft connection（箱体/轴连接）建立与【Stage2 Planet Carrier】（二级行星架）的连接，Offset（偏置距离）可以不指定。

3）二级太阳轴【Stage 2 Sun Shaft】。参数如表 6-9。

表 6-9　二级太阳轴参数　　　　　　　　　　（单位：mm）

Section （轴段）	Offset （偏置距离）	Length （长度）	Left OD （左端外径）	Right OD （右端外径）	Left Bore （左端内径）	Right Bore （右端内径）	Material （材料）	Surface Treatment （表面处理方式）
1	0	200	279	279	190	190	Steel（Medium）	Nitrided
2	200	150	250	160	190	100	（中碳钢）	（氮化）
3	350	140	160	160	100	100	（中碳钢）	（氮化）
4	490	80	198.8	198.8	100	100	（中碳钢）	（氮化）

定位：【Stage2 Sun Shaft】（二级太阳轴）在齿轮箱的位置为：X = 0，Y = 0，Z = 1420mm。添加支承或连接件参数见表 6-10。

表 6-10　二级太阳轴支承或连接件参数

Component（部件）	Component Name（部件名称）	Offset（位置距离）/mm
Rigid Connection（刚性连接）	Stiffness-Spline Connection（刚度轴承-花键连接）	530
External Spline（外花键）	External Spline-Stage 2 Sun Shaft（外花键-二级太阳轴）	530

注：Rigid Connection（刚性连接）的 housing connection（齿圈连接）与【Stage3 Input Shaft】三级输入轴连接。刚性连接和花键连接可以只保留一种。

4）三级输入轴与三级输出轴（【Stage3 Input Shaft】与【Stage3 Output Shaft】）。参数分别如表 6-11 和表 6-13。

表 6-11　三级输入轴参数　　　　　　　　　　（单位：mm）

Section （轴段）	Offset （偏置距离）	Length （长度）	Left OD （左端外径）	Right OD （右端外径）	Left Bore （左端内径）	Right Bore （右端内径）	Material （材料）	Surface Treatment （表面处理方式）
1	0	25	300	300	240	240	Steel（Medium）	Nitrided （氮化）
2	25	75	300	300	200	200	（中碳钢）	（氮化）
3	100	25	325	325	240	240	（中碳钢）	（氮化）
4	125	25	325	350	240	265	（中碳钢）	（氮化）
5	150	200	916	916	265	265	（中碳钢）	（氮化）
6	350	25	350	325	265	240	（中碳钢）	（氮化）
7	375	25	325	325	240	220	（中碳钢）	（氮化）
8	400	200	300	300	220	220	（中碳钢）	（氮化）

定位：【Stage3 Input Shaft】（三级输入轴）在齿轮箱的位置为：X = 0，Y = 0，Z = 1890mm。添加支承或连接件的参数如表 6-12。

表 6-12　三级输入轴支承或连接件参数

Component（部件）	Component Name（部件名称）	Offset（偏置距离）/mm
Stiffness Brg1（刚度支承 1）	Stiffness-Stage 3 Input Shaft Upwind Bearing Substitute （刚度-三级输入轴上风向轴承替代）	63
Stiffness Brg2（刚度支承 2）	Stiffness-Stage 3 Input Shaft Downwind Bearing Substitute （刚度-三级输入轴下风向轴承替代）	500
Internal Spline（内花键）	Internal Spline-Stage 3 Input Shaft（内花键-三级输入轴）	60

注：如 Stage2（二级）上选择了刚性连接且未创建安装外花键，内花键可以不连接。

表 6-13　　三级输出轴参数　　　　　　　　　（单位：mm）

Section（轴段）	Offset（偏置距离）	Length（长度）	Left OD（左端外径）	Right OD（右端外径）	Left Bore（左端内径）	Right Bore（右端内径）	Material 材料	Surface Treatment（表面处理方式）
1	0	130	160	160	0	0	Steel（medium）（中碳钢）	Nitrided（氮化）
2	130	20	200	200	0	0	Steel（medium）（中碳钢）	Nitrided（氮化）
3	150	200	233	233	0	0	Steel（medium）（中碳钢）	Nitrided（氮化）
4	350	20	200	200	0	0	Steel（medium）（中碳钢）	Nitrided（氮化）
5	370	236	160	160	0	0	Steel（medium）（中碳钢）	Nitrided（氮化）
6	606	264	150	150	0	0	Steel（medium）（中碳钢）	Nitrided（氮化）

定位：【Stage3 Output Shaft】（三级输出轴）在齿轮箱的位置为：X = –600mm，Y = 0，Z = 1890mm。添加支承与连接件的参数如表 6-14。

表 6-14　　三级输出轴的支承与连接件参数

Component（部件）	Component Name（部件名称）	Offset（偏置距离）/mm
Stiffness Brg1（刚度支承 1）	Stiffness-Stage 3 Output Shaft Upwind Bearing Substitute（刚度-上风向轴承替代三级输出轴）	73
Stiffness Brg2（刚度支承 2）	Stiffness-Stage 3 Output Shaft Downwind Bearing Substitute（刚度-下风向轴承替代三级输出轴）	478. 5

5）齿圈轴【Housing Shaft】。参数如表 6-15。

表 6-15　　齿圈轴参数　　　　　　　　　（单位：mm）

Section（轴段）	Offset（偏置距离）	Length（长度）	Left OD（左端外径）	Right OD（右端外径）	Left Bore（左端内径）	Right Bore（右端内径）	Material（材料）	Surface Treatment（表面处理方式）
1	350	695	2167. 402	2167. 402	1810	1810	Steel（Medium）（中碳钢）	Nitrided（氮化）
2	1045	155	2167. 402	2167. 402	914. 4	914. 4	Steel（Medium）（中碳钢）	Nitrided（氮化）
3	1200	112	2167. 402	2167. 402	650	650	Steel（Medium）（中碳钢）	Nitrided（氮化）
4	1312	428	2167. 402	2167. 402	1230	1230	Steel（Medium）（中碳钢）	Nitrided（氮化）

定位：齿圈轴在齿轮箱的位置为：X = 0，Y = 0，Z = 0。添加支承或连接件参数如表 6-16 所列。

表 6-16　　齿圈轴支承或连接件参数

Component（部件）	Component Name（部件名称）	Offset/mm
Rigid Connection 1（刚性连接 1）	Rigid-Middle Housing to Ground（Upwind）【刚性-中齿圈至地面（上风向）】	400
Rigid Connection 2（刚性连接 2）	Rigid-Middle Housing to Ground（Downwind）【刚性-中齿圈至地面（下风向）】	1690
Stiffness Brg1（刚度支承 1）	Stiffness-Stage 1 Carrier Downwind bearing Substitute（Housing Connection）【刚度--一级行星架下风向轴承代用（齿圈连接）】	1079. 369
Stiffness Brg2（刚度支承 2）	Stiffness-Stage 2 Carrier Upwind Bearing Substitute（Housing connection）【刚度-上风向轴承替代二级输出轴（齿圈连接）】	1261

注：Rigid Connection1（刚性连接 1）与 Rigid Connection2（刚性连接 2）的 Housing connection（齿圈连接）接地，Stiffness Brg1（刚度支承 1）与 Stiffness Brg2（刚度支承 2）分别已安装在一级行星架下风向和二级行星架上风向，其与 Housing Shaft（齿圈轴）的连接指定即可，Offset（偏置距离）可以不指定。

6）二级概念行星齿轮副（Stage 2 Concept Planetary Gear Set）。参数如表6-17和表6-18。

表6-17　二级概念行星齿轮副参数

Normal Module（法向模数）/mm	9	No. of Teeth（Planet）（行星轮齿数）	48
Pressure angle（压力角）/deg（°）	20	No. of Teeth（Ring）（齿圈个数）	129
Helix angle（螺旋角）/deg（°）	9	Face Width（Sun）（太阳轮齿宽）/mm	200
Sun hand（太阳轮旋向）	Left 左	Face Width（Planet）（行星轮齿宽）/mm	200
Number of Planets（行星轮个数）	3	Face Width（Ring）（齿圈齿宽）/mm	200
No. of Teeth（Sun）（太阳轮齿数）	33		

表6-18　二级概念齿轮副装配关系

Component（部件）	Assembly（装配件）	Offset（偏置距离）/mm
Stage2 Concept Planet Carrier（二级概念行星架）	Stage2 Planet Carrier Shaft（二级行星架轴）	220
Stage2 Concept Sun Gear（二级概念太阳轮）	Stage2 Sun Shaft（二级太阳轴）	100
Stage2 Concept Ring Gear（二级概念齿圈）	Housing Shaft（齿圈轴）	1520

7）一级行星齿轮副齿圈安装（Stage 1 Concept Ring Gear）。参数如表6-19。

表6-19　一级行星齿轮副齿圈安装参数

Component（部件）	Assembly（装配件）	Offset（偏置距离）/mm
Stage1 Concept Ring Gear（一级概念齿圈）	Housing Shaft（齿圈轴）	700

8）花键连接（Spline Coupling）。二级太阳轴（Stage2 Sun Shaft）与三级输入轴（Stage3 Input Shaft）之间可以使用刚性连接（Stiffness-Spline Connection），也可以使用花键连接（Spline Coupling）。花键连接参数如表6-20。

表6-20　花键连接参数

Normal Module（法向模数）/mm	4
Pressure angle（压力角）/deg（°）	30
Helix angle（螺旋角）/deg（°）	9
No. of Teeth（齿数）	50
Face Width（External Spline）（外花键齿宽）/mm	80
Face Width（Internal Spline）（内花键齿宽）/mm	70

Spline Coupling（花键连接）安装可参照 Stage2 Sun Shaft（二级太阳轴）与 Stage3 Input Shaft（三级输入轴）的安装数据。

6.1.7　定义载荷工况和静态分析

1. 定义动力输入、输出位置

- 打开【2MW-WTG-Stage-1a. ssd】模型。
- 在设计窗口中双击打开【Input Shaft Assembly】（输入轴装配件）工作表，如图6-28所示。

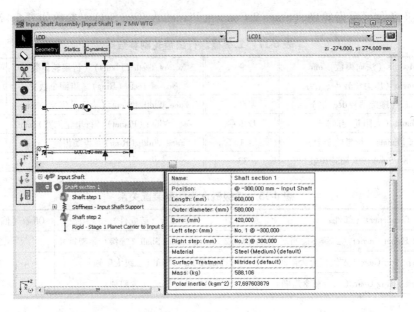

图　6-28

● 在主菜单中选择【Components】（部件）→【Loads】（载荷）→【Power In/Out...】（功率输入/输出），或者点击左侧菜单栏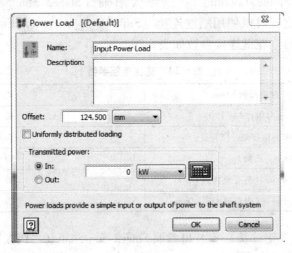图标。

● 点击轴的右侧末端位置，在图 6-29 所示的对话框中输入偏置距离值：offset = 124.5mm；输入名称：【Input Power Load】（输入功率载荷）。

图　6-29

● 点击【OK】按钮。

用同样方法在三级输出轴装配件（Stage 3 Output Shaft Assembly）上定义输出功率载荷（Output Power Load），偏置距离（Offset）= 770mm。

2. 添加载荷工况

● 在设计窗口中双击【2MW WTG】，打开齿轮箱工作窗口。

● 点击工具栏中的【Analysis】（分析）→【Duty Cycle】（载荷谱），弹出如图 6-30 所示对话框。

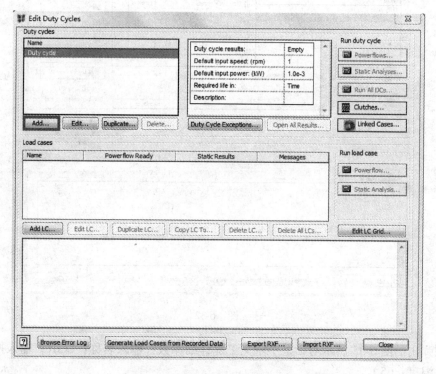

图　6-30

● 点击【Add】（添加），添加【Duty Cycle】（载荷谱）。在弹出的如图 6-31 所示中的对话框中输入 Duty cycle（载荷谱）名称：LDD；输入转速值：1rpm；输入功率值：1W。

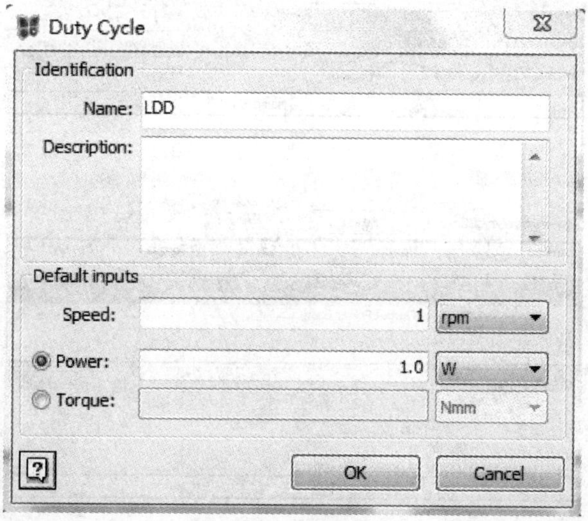

图　6-31

● 回到如图 6-32 所示的对话框，点击【Add LC】（添加工况），添加【Load Case】（工况）。

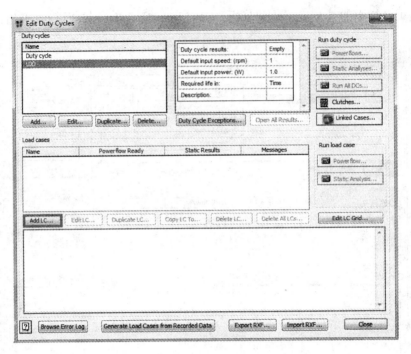

图　6-32

● 在弹出的图 6-33 所示对话框中定义工况详细参数：输入名称：LC01；输入持续时间：2h；输入温度：65℃。

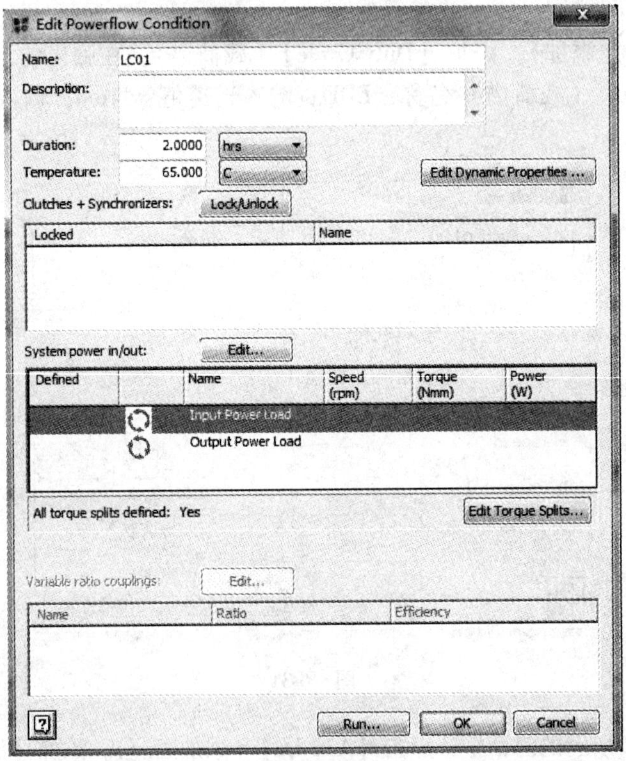

图　6-33

● 在【System Power In/Out】（系统功率输入/输出）列表中双击【Input Power Load】（输入功率载荷）。

● 在弹出的图 6-34 对话框中勾选【Define Shaft Speed：】（定义轴转速）；输入轴速度：0.8 rpm；输入转矩（Define Torque）：－4.0e8 Nmm。

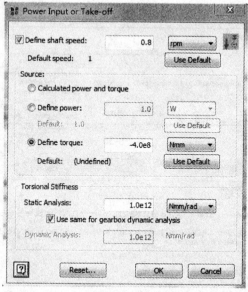

图　6-34

● 点击【OK】按钮。

3. 静态分析

1）工况静态分析。打开图 6-35 所示的【Duty Cycles】（载荷谱）对话框，点击【Static Analyses...】（静态分析），系统将自动运行完成分析，如图 6-36 和图 6-37 所示。

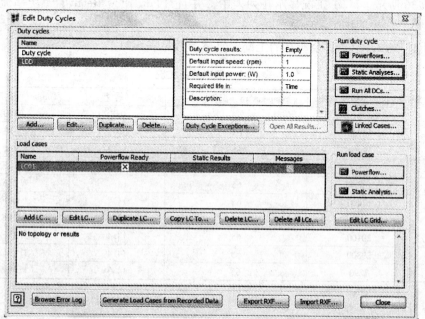

图　6-35

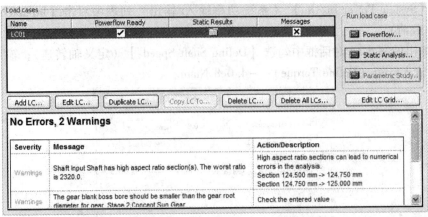

图　6-36

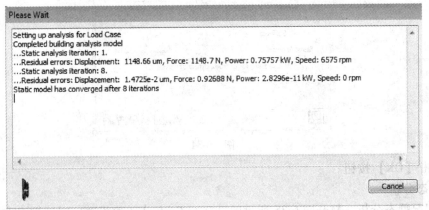

图　6-37

　　如图6-36所示，LC01工况显示在列表中，并且【Powerflow Ready】（功率流就绪）对应栏显示"√"，说明该工况定义成功。

　　重复上述操作，定义其余所有的工况，具体参数见表6-21。

表6-21　静态分析工况

Name（名称）	Duration（周期）/Hrs	Temperature（温度）/deg	Speed（转速）/rpm	Torque（转矩）（Nmm）
LC01	2	65	0.8	-4.00E+08
LC02	36700	65	10	1.51E+08
LC03	19400	65	11.2	3.95E+08
LC04	19800	65	13.3	5.10E+08
LC05	15600	65	14.1	7.25E+08
LC06	17400	65	14.4	1.04E+09
LC07	8920	65	14.5	1.21E+09
LC08	20100	65	14.4	1.24E+09
LC09	29800	65	14.4	1.26E+09
LC10	7290	65	14.3	1.49E+09

　2）查看静态分析结果

　●在设计窗口中双击【Stage 1 Planet Carrier Assembly】（一级行星架装配件）打开轴的

工作表。

• 在【Stage 1 Planet Carrier shaft assembly】（一级行星架轴装配件）中添加轴承后，运行轴的静态分析。

• 从下拉菜单中选中工况 LC10，如图 6-38 所示。

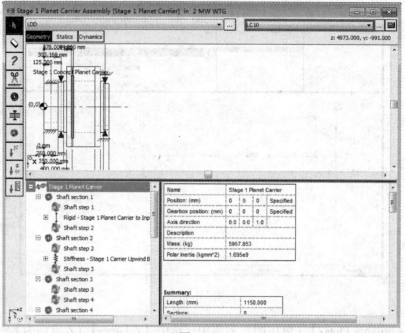

图　6-38

• 点击【Analysis】（分析）→【Static Analysis...】（静态分析），或者点击 【Calculate】（计算）图标。

• 在提示框中点击【No】。

• 静态分析计算自动执行，分析结果对话框自动打开，如图 6-39 所示。

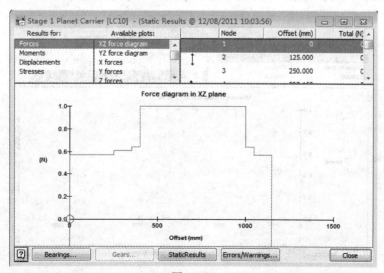

图　6-39

　　静态分析计算决定了齿轮箱部件在每个工况下的力、力矩、位移和应力的大小与受力情况。

　　① 受力情况

　　● 在【Results for：】（结果）列表中，选中【Forces】（方向力），如图 6-40 所示。

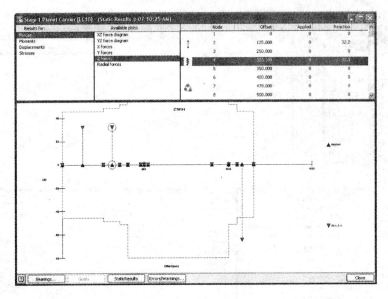

图　6-40

　　● 在【Available Plots：】（可用图）列表中，选中【Z forces】（Z 方向力）。

　　● 记录下在刚度轴承节点位置的 Z forces（Z 方向力）值：在上风向的刚度轴承节点位置的 Z forces（Z 方向力）值是 32.3N，在下风向的刚度轴承节点位置的 Z forces（Z 方向力）值是 -64.5N。这个结果数据将和后续章节中添加圆锥滚子轴承后的对应位置受力情况进行对比。

　　② 力矩情况

　　● 在【Results For：】（结果）列表中选中【Moments】（力矩），如图 6-41 所示。

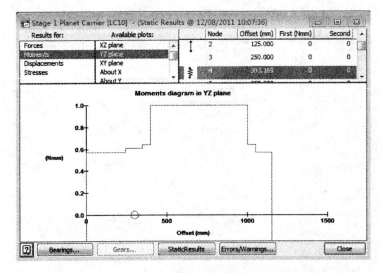

图　6-41

● 在【Available Plots：】（可用图）列表中选中【YZ Plane】（YZ 平面）。

● 记录下在刚度轴承节点位置的第一和第二力矩值，在这种情况下的力矩值都是零。这个结果数据将和后续章节中添加圆锥滚子轴承后的对应位置受力情况进行对比。

● 点击其余有效的点位置，查看不同的力矩结果。

③ 位移情况。研究轴的位移结果是特别重要的，下面举例说明径向位移的情况：

● 在【Results For：】（结果）列表中选中【Displacements】（位移），如图 6-42 所示。

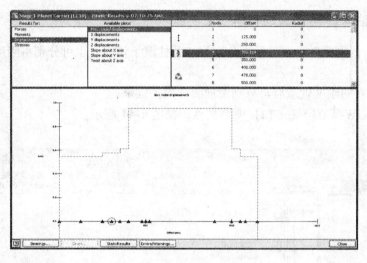

图　6-42

● 在【Available Plots：】（可用图）列表中选中【Max. radial Displacements】（最大径向位移）。

● 记录下在刚度轴承节点位置的最大径向位移值。在这种情况下的位移值是零。这个结果数据将和后续章节中添加圆锥滚子轴承后的对应位置受力情况进行对比。

④ 应力情况

● 在【Results For：】（结果）列表中选中【Stresses】（应力），如图 6-43 所示。

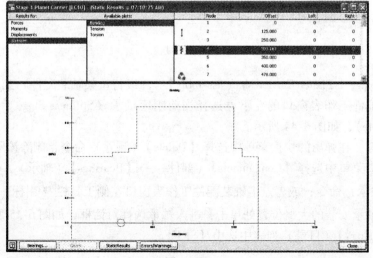

图　6-43

- 在【Available Plots：】（可用图）列表中选中【Bending】（弯曲）。
- 点击其余有效的点位置，查看不同的应力结果。

将本章节至此为止的模型另存为【2MW-WTG-Stage-1a】。

6.2　详细建模和分析

6.2.1　刚度轴承转换为滚动轴承

可先将现有的刚度轴承删除后再分别添加圆柱滚子轴承，也可分别将刚度轴承转换为圆柱滚子轴承。

1）删除现有的刚度轴承后再分别添加圆柱滚子轴承。

- 打开【2MW-WTG-Stage-1a】模型文件，如图 6-44 所示。

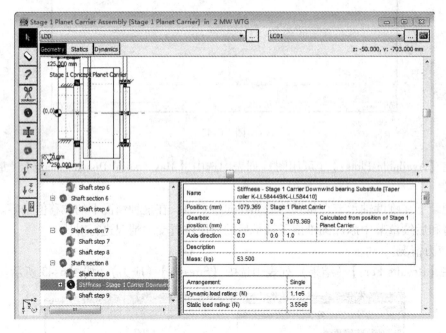

图　6-44

- 打开【Stage 1 Planet Carrier shaft assembly】（一级行星架轴装配件）工作表。
- 从轴装配件工作表窗口的左下方选择当前刚度轴承（Stiffness-Stage 1 Carrier Upwind Bearing Substitute），如图 6-44 所示。
- 单击右键，在弹出的快捷菜单中选择【Delete】（删除）命令，删除该刚度轴承。
- 在主窗口菜单中选择【Components】（部件）→【Bearings】（轴承）→【Rolling Element】（滚动轴承）命令；或者点击轴装配件工作表窗口左侧工具栏 ⊙ 图标。
- 在轴上轴承安装的大概位置处单击，进入轴承选择对话框，如图 6-45 所示。
- 在【Catalog：】（目录）列表中选中【SKF】。

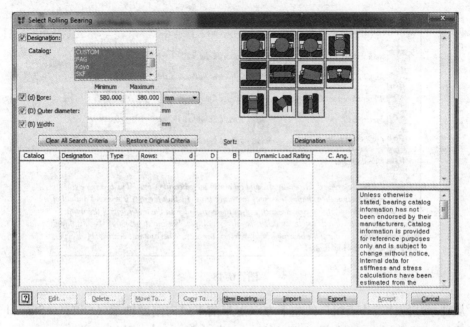

图 6-45

• 点击【Taper Roller Bearing】(圆锥滚子轴承) 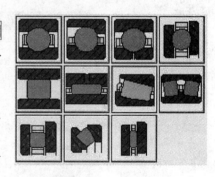 图标(见图 6-46),输入指定名称【Designation】:【K-EE763330/K-763410】。

• 在"滚动轴承选择"对话框的轴承列表里选中已经显示的【K-EE763330/K-763410】轴承,点击【Accept】(接受)。

• 在弹出的图 6-47 所示的"位置定义"窗口中,输入偏置距离值:Offset = 303.169mm。

图 6-46

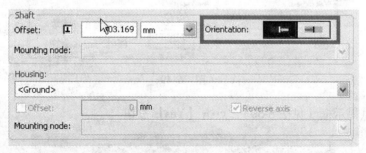

图 6-47

• 点击【OK】按钮。

注意:轴承的朝向可以通过【Orientation】(定向)调整。

图 6-48 所示为轴承选择时图标的说明。

2) 通过将当前刚度轴承直接转换成圆柱滚子轴承。

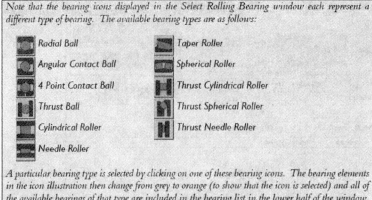

图　6-48

• 从轴承装配体工作表窗口的左下方双击当前下风向刚度轴承（Stiffness-Stage 1 Carrier Upwind Bearing Substitute），如图 6-49 所示，点击【Convert】（转换）。

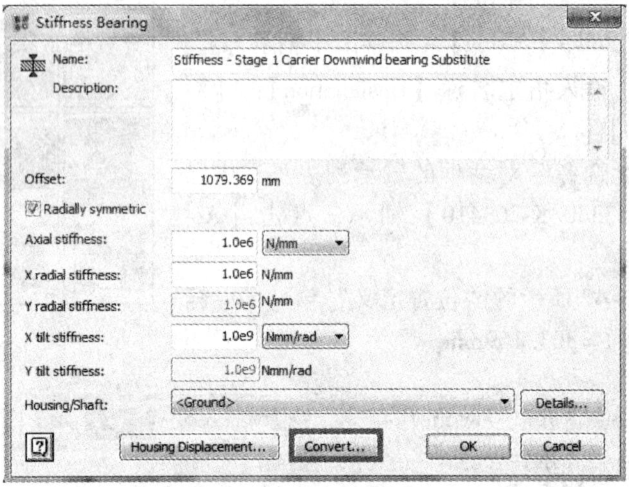

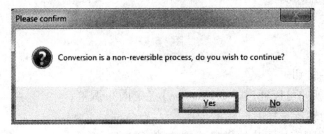

图　6-49

• 出现信息提示框（见图 6-50），点击【Yes】按钮。

图　6-50

● 从弹出的图 6-51 所示对话框的下拉列表中选择【Rolling element bearing】。

● 点击【OK】按钮，进入【Rolling Bearing】（滚动轴承）窗口，如图 6-52 所示。后续操作同 6.1 节。

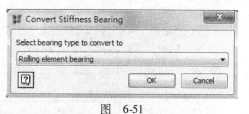

图　6-51

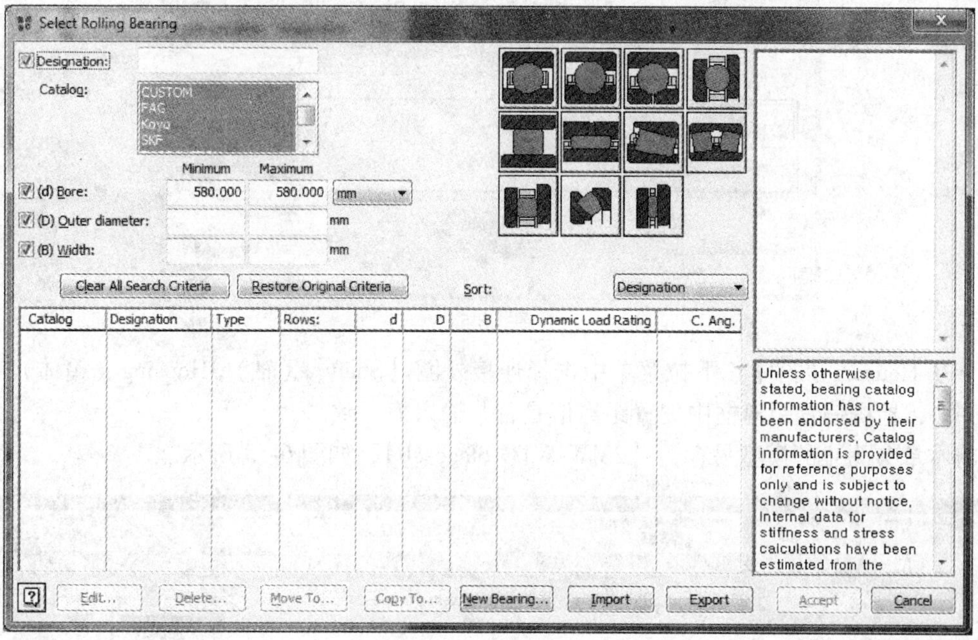

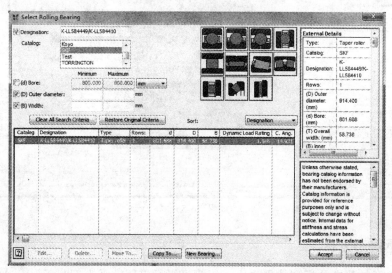

图　6-52

● 将下风向刚度轴承转换为滚子轴承。在图 6-53 所示的"滚子轴承"对话框中选择轴承类型：Taper Roller（圆锥滚子）；轴承目录：SKF；指定型号：K-LL584449/K-LL584410。

图　6-53

● 在图 6-54 所示对话框中输入轴上偏置距离：Offset = 1079.369mm。

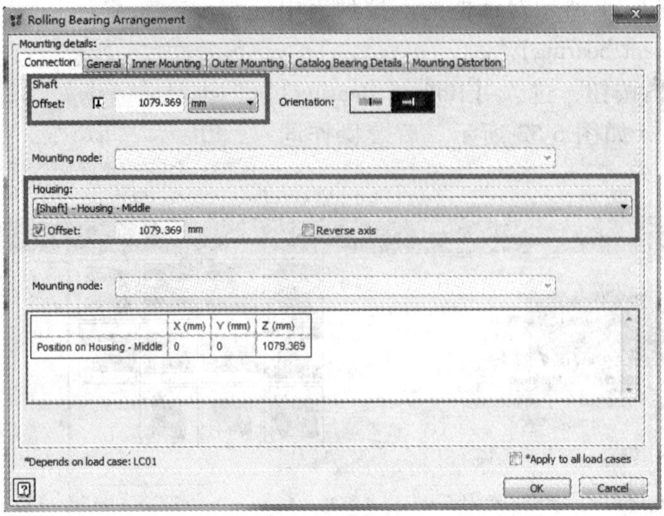

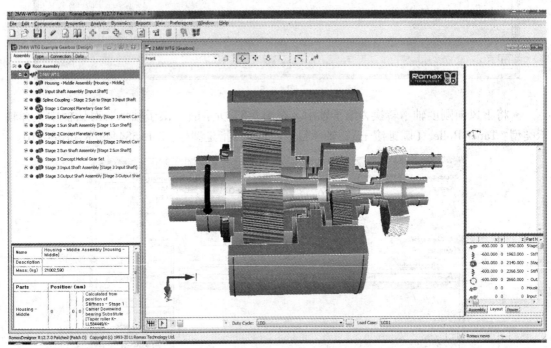

图　6-54

　　● 从 Housing（箱体）下拉菜单中选择连接外圈【Shaft】（轴）-Housing（箱体）-Middle（中），检查偏置距离框中偏置距离值是否与输入值一致。

　　将本章节为止的模型另存为【2MW-WTG-Stage-1b】，如图 6-55 所示。

图　6-55

6.2.2　轴承静态分析

1. 轴上轴承的静态分析和结果对比（以第一级行星架轴承为例）

　　方法同 6.2.1 节，将其他的刚性轴承替换成齿轮箱中实际使用的滚动轴承，操作不再赘述，相应的滚动轴承参数见表6-22。

表6-22 滚动轴承参数

- Bearing - Stage 2 Planet Carrier Downwind [Thrust sph. roller 29292]
- Bearing - Stage 2 Planet Carrier Upwind [Radial ball 61996]
- Bearing - Stage 3 Input Shaft Downwind [Dble Rw Taper roller 32060X.N11]
- Bearing - Stage 3 Input Shaft Upwind [Cyl. roller NU1060]
- Bearing - Stage 3 Output Shaft Downwind Ball [4 Point contact ball QJ332]
- Bearing - Stage 3 Output Shaft Downwind Cyl [Cyl. roller NU2332EC]
- Bearing - Stage 3 Output Shaft Upwind [Cyl. roller NU2332EC]

Name （名称）	Designation （型号）	Offset （偏置距离）/mm	Type （类型）
Bearing-Stage 2 Planet Carrier Downwind （轴承-二级行星下风向）	SKF 29292	587. 5Oritation （Right） 【止推方向（右）】	Thrust sph. roller （推力球轴承）
Bearing-Stage 2 Planet Carrier Upwind （轴承-二级行星上风向）	SKF 61996	61	Radial ball （调心球轴承）
Bearing-Stage 3 Input Shaft Downwind （轴承-三级输入轴下风向）	FAG 32060X. N11	500	Taper roller （圆锥滚子轴承）
Bearing-Stage 3 Input Shaft Upwind （轴承-三级输入轴上风向）	SKF NU1060	63	Cyl. roller （圆柱滚子轴承）
Bearing-Stage 3 Output Shaft Downwind Ball （轴承-三级输出轴下风向）	FAG QJ332	530	4 Point contact ball （四点接触球轴承）
Bearing-Stage 3 Output Shaft Downwind Cyl （轴承-三级输出轴上风向）	SKF NU2332EC	427	Cyl. roller （圆柱滚子轴承）
Bearing-Stage 3 Output Shaft Upwind （轴承-三级输入轴下风向）	SKF NU2332EC	73	Cyl. roller （圆柱滚子轴承）

替换所有的轴承后，将模型另存为【2MW-WTG-Stage-2. ssd】。

- 在添加轴承后的【Stage 1 Planet Carrier Assembly】（一级行星架轴装配体）工作表窗口（见图6-56）中运行静态分析。

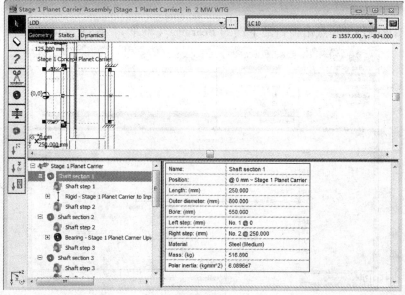

图 6-56

● 选择下拉菜单中的 LC10 工况。

● 点击【Analysis】（分析）→【Static Analysis...】（静态分析），或者点击 📖【Calculate】（计算）图标。静态分析计算自动执行，分析结果窗口自动打开，如图 6-57 所示。

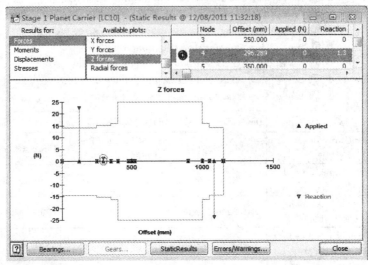

图 6-57

结果分析与刚度轴承分析方法相同，分别查看轴上滚动轴承的受力、力矩、位移等结果。

① 受力情况。在上风向的滚动轴承节点位置的 Z forces（Z 方向力）值为 1.3N，在下风向的滚动轴承节点位置的 Z forces（Z 方向力）值是 −23.8N。结果说明，轴向力的衍生是由于安装了圆柱滚子轴承。

② 力矩情况。在这种情况下的力矩值不是零。结果数据的改变是由于圆锥滚子轴承的倾斜刚度产生的。

③ 位移情况。在这种情况下也发生了变化，结果数据的改变也是由于圆锥滚子轴承的安装产生的。

● 检验轴承的性能，点击窗口最下端的 Bearings（轴承），如图 6-58 所示。

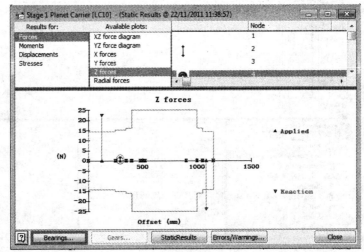

图 6-58

● 点击提示框中【Yes】按钮，确认运行所有轴承的分析，如图6-59所示。

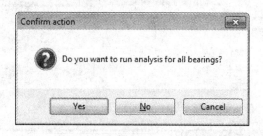

图 6-59

在图6-60所示的轴承分析结果窗口的最上端，汇总了所有轴承的静态分析结果，结果依据ISO寿命、ISO损伤、修正寿命、修正损伤和载荷区域系数分类。

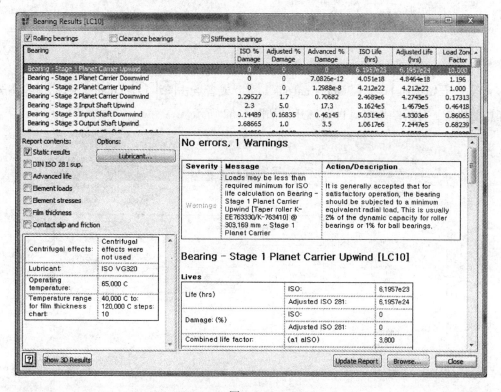

图 6-60

● 在图6-60所示的轴承分析窗口上部的列表中选中【Bearing-Stage 1 Planet carrier Up-wind】，轴承的详细寿命、载荷、位移和错位量将在窗口下部显示，点击【Close】按钮。

2. 轴上齿轮的静态分析和结果对比（以第三级输入轴为例）

● 打开风机模型【2MW-WTG-Stage-2】文件

● 在设计窗口中双击打开【Stage 3 Input Shaft Assembly】装配件工作表，如图6-61所示。

● 从下拉菜单中选择LC10工况。

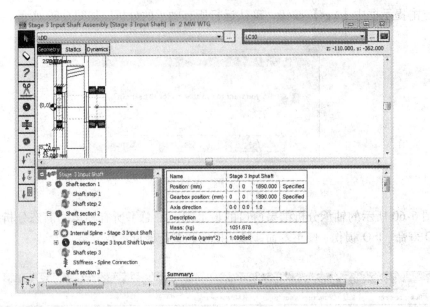

图　6-61

● 点击【Analysis】→【Static Analysis...】，或者点击 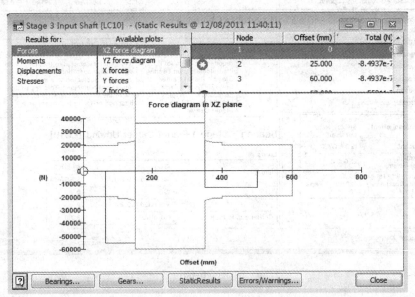 【Calculate】图标。静态分析计算自动执行，分析结果窗口自动打开，如图 6-62 所示。

图　6-62

● 在【Results for：】（结果）列表中，选中【Forces】（方向力）。

● 在【Available Plots：】（可用图）列表中，选中【Z forces】（Z 方向力），如图 6-63 所示。

① 记录下来在节点 8 和节点 9 位置的 Z forces（Z 方向力）值：在这种情况下的节点 8 和节点 9 位置的 Z forces（Z 方向力）值分别是 – 1. 495e4N 和 – 1. 495e4N。

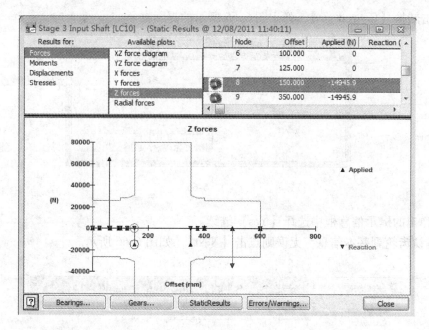

图　6-63

② 同样方式记录节点 8 和节点 9 位置的弯曲应力值：节点 8 是 2.832580MPa 和 0.1068MPa；节点 9 是 0.1087MPa 和 2.882444MPa。

③ 这些结果数据将和概念齿轮副转化后的分析结果进行对比。

6.2.3　概念齿轮副转换成详细齿轮副

1. 概念齿轮副转换成详细齿轮副

• 在【Stage 3 Concept Helical Gear Set】（三级概念斜齿轮副）双击打开概念齿轮副工作表，如图 6-64 所示。

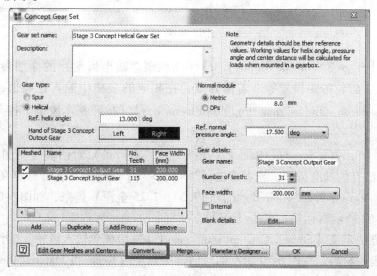

图　6-64

● 点击转换【Convert...】，弹出图 6-65 所示的提示框。

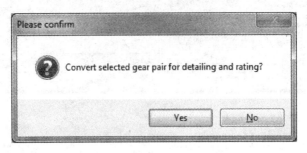

图　6-65

● 在弹出的提示信息框中选择【Yes】继续。

1）确认齿轮副基本信息，无误则点击【Next】，如图 6-66 所示。

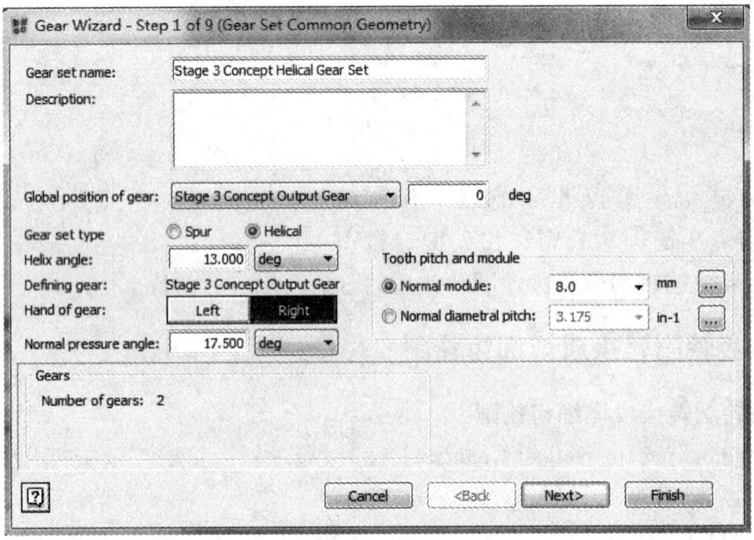

图　6-66

2）定义【Stage 3 Concept Output gear】（三级概念输出齿轮）的详细参数。查看参数表中变位系数、齿轮跨距设置等。若需修改，在相应的表格中输入正确值，如图 6-67 所示。选择【Based on standard rack drop down menu box】（按照基本齿条下拉菜单）旁的 按钮。

在弹出的【Select a Standard Rack】（选择一种基本齿条）对话框（见图 6-68）中，可以选择列表中已有的基准齿条，或者点击【Modify > >】（修改）进行自定义基准齿条。本例选择【17.5 degree, 2.25 whole depth】（17.5°, 2.25 全深）齿条，如图 6-69 所示。

回到图 6-67 所示对话框，点击【next】。

3）同样方法定义【Stage 3 Concept input gear】（三级概念输入齿轮）的详细参数。

4）定义齿轮材料。在图 6-70 所示的对话框中选中【Keep all Material the Same】（保持所有材料一致），点击【Gear Material...】（齿轮材料）。

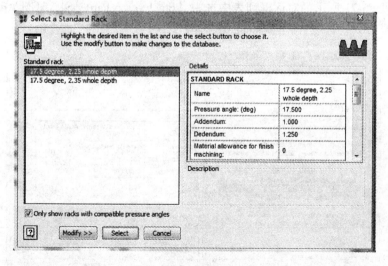

图 6-67

图 6-68

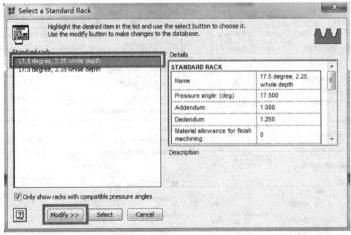

图　6-69

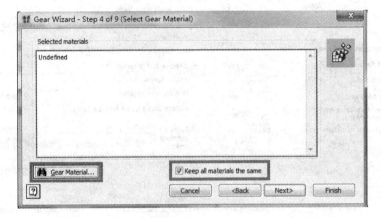

图　6-70

在弹出的图 6-71 所示的对话框列表中选中【Steel，case hardened，AGMA grade 2】（钢，表面硬化，AGMA2 级），点击【Select】（选择）。

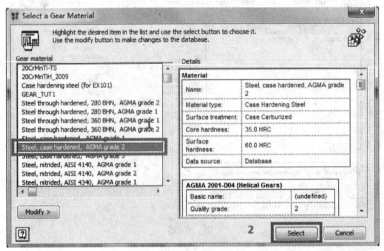

图　6-71

回到图 6-70 所示对话框，点击【Next】按钮。

5）定义齿轮副的精度等级。选择等级标准【Quality Standard】（质量标准）：ISO 1328：1995；精度等级【ISO Grade：】：7 级，如图 6-72 所示。

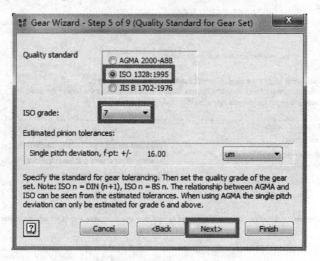

图　6-72

● 点击【Next】按钮。

6）定义齿轮的表面粗糙度。齿侧和齿根圆角表面粗糙度分别取默认值 3μm 和 10μm 不变，如图 6-73 所示。

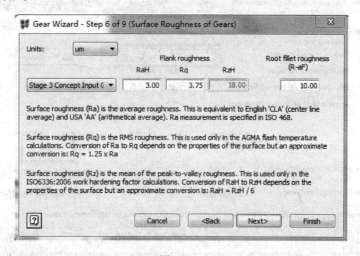

图　6-73

点击【Next】按钮。

7）定义齿轮副载荷分布。本例采用默认值，如图 6-74 所示。

点击【Next】按钮。

8）定义齿轮副的齿侧间隙。输入标准侧隙值 0.8mm；点击【Evenly】（平均），将侧隙平均到齿轮副的两个齿轮上，如图 6-75 所示。

点击【Next】按钮。

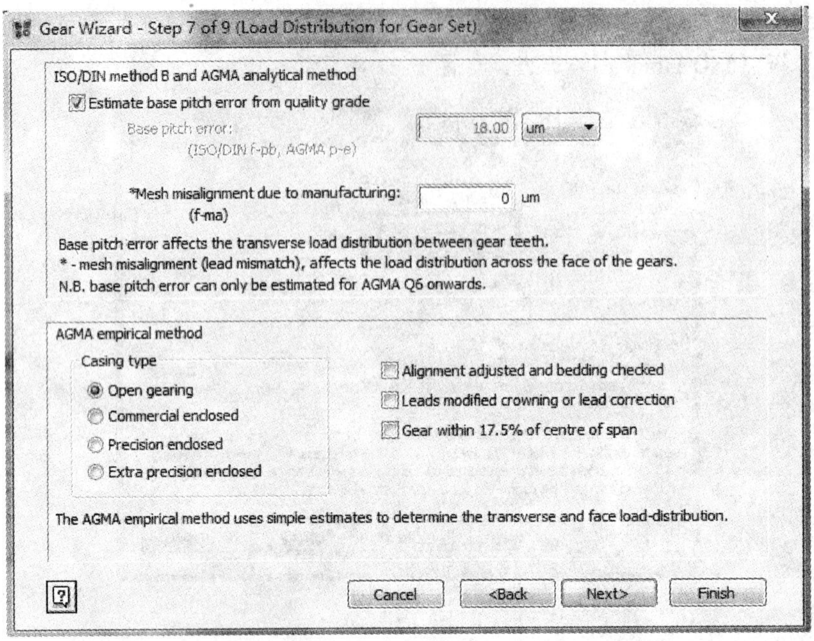

图 6-74

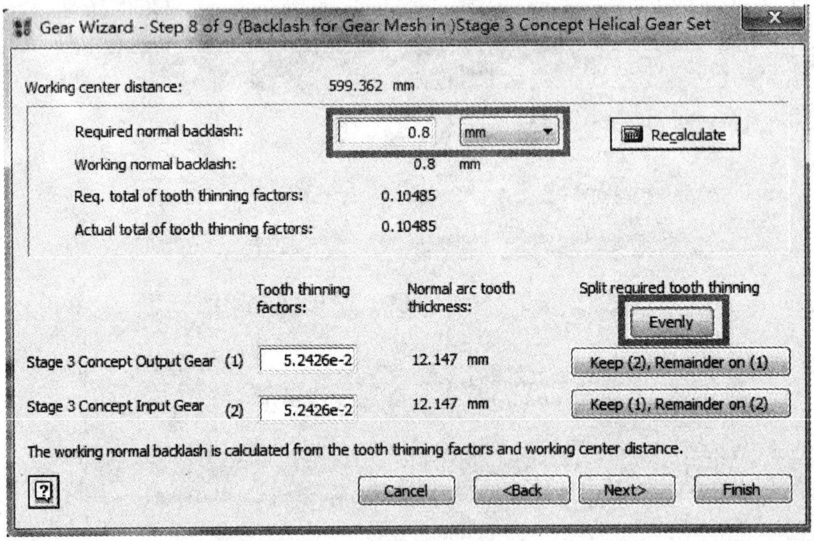

图 6-75

9）齿轮副详细化。齿轮副定义完成，如图 6-76 所示。如果有任何问题，对话框将显示信息，并需要重新定义，否则点击【Finish】完成该齿轮副的详细化。

转换完成后，在设计窗口中，详细齿轮的图标由概念齿轮副时的灰色变为绿色，如图 6-77 所示。

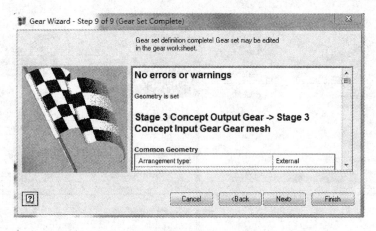

图　6-76

图　6-77

2. 定义齿轮副分析设置

● 在设计窗口双击打开【Stage 3 Concept Helical Gear Set】（三级概念斜齿轮副）工作表，如图 6-78 所示。

● 在参数列表中双击【Analysis Settings】（分析设置）。在弹出的图 6-79 所示的对话框中，可使用默认值，或者根据实际情况定义。

● 在【Stage 3 Concept Helical Gear Set】（三级概念斜齿轮副）工作表参数列表中双击【LOAD CASE DEFAULTS】（默认工况）；在弹出的图 6-80 所示对话框中选择【ISO/DIN face load distribution factor for contact】，K-H Beta = 1.0，勾选【Caculated】（计算），可计算出考虑了 microgemetry（微观几何体）和系统变形影响下的齿面载荷分布系数。

1）通过单一工况评价齿轮副

● 从【Stage 3 Concept Helical Gear Set】（三级概念斜齿轮副）工作表（见图 6-81）载荷工况的下拉菜单中选择 LC10。

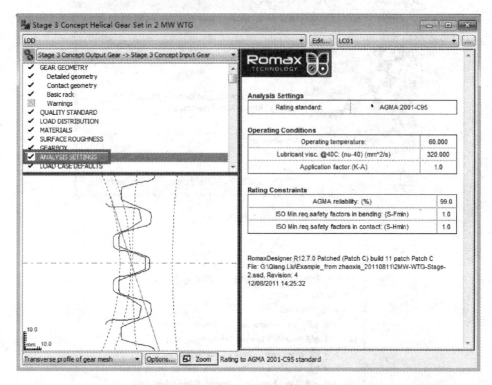

图　6-78

图　6-79

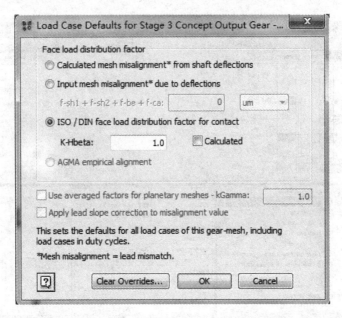

图　6-80

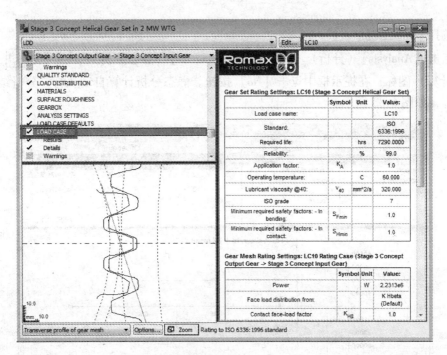

图　6-81

● 在参数列表中双击【Load Case】（工况）以运行工况，如图6-81所示。

● 在参数列表中双击【Results】（结果），结果将分别在单独对话框和原窗口右侧显示。

2）通过轴的静态分析，对转化成详细齿轮前后的结果进行比较。

● 在设计窗口双击打开【Stage 3 Input Shaft Assembly】（三级输入轴装配件）工作表，

如图 6-82 所示。

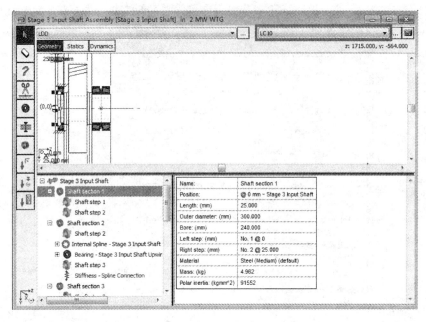

图　6-82

● 选择 LC10 工况。

● 点击【Analysis】(分析) → 【Static Analysis...】(静态分析), 或者点击🖩【Calcu-late】(计算) 图标, 在提示框中点击【No】按钮。静态分析计算自动执行, 分析结果窗口自动打开, 如图 6-83 所示。

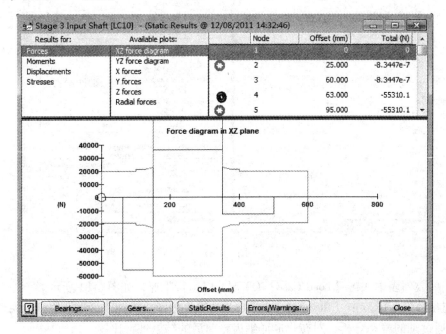

图　6-83

- 在【Results for:】（结果）列表中，选中【Forces】（方向力）；在【Available Plots:】（可用图）列表中，选中【Z forces】（Z 方向力），如图 6-84 所示。检查在节点 8 和节点 9 位置的 Z forces（Z 方向力）值：在这种情况下的节点 8 和 9 位置的 Z forces（Z 方向力）值分别和之前的结果很接近。

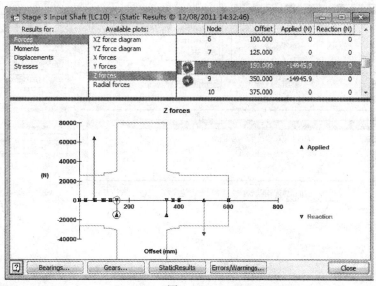

图　6-84

- 同样方式比较节点 8 和节点 9 位置的弯曲应力值，也和之前的结果很接近。

3. 运行工况分析并查看齿轮报告

- 打开模型【2MW-WTG-Stage-3. ssd】文件。
- 在齿轮箱设计窗口点击【Analysis】（分析）→【Duty Cycle】（载荷谱），或者点击如图 6-85 所示的 □ 图标。

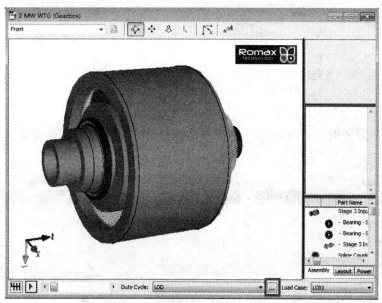

图　6-85

● 在弹出的图 6-86 所示的对话框中点击【Static Analyses】（静态分析），运行所有 LDD 载荷谱工况。

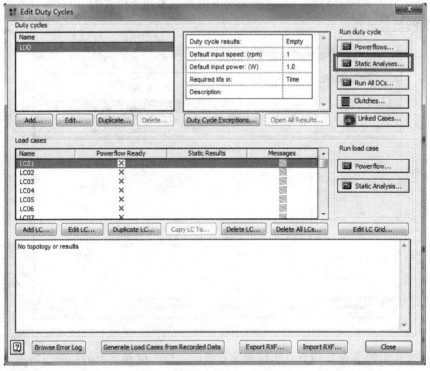

图 6-86

● 弹出图 6-87 所示的对话框，点击【OK】关闭信息对话框。

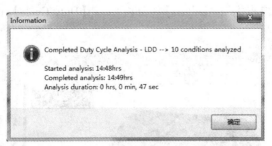

图 6-87

● 在弹出的对话框（见图 6-88）中可观察到所有的工况都已计算完毕，点击【Close】按钮关闭对话框。

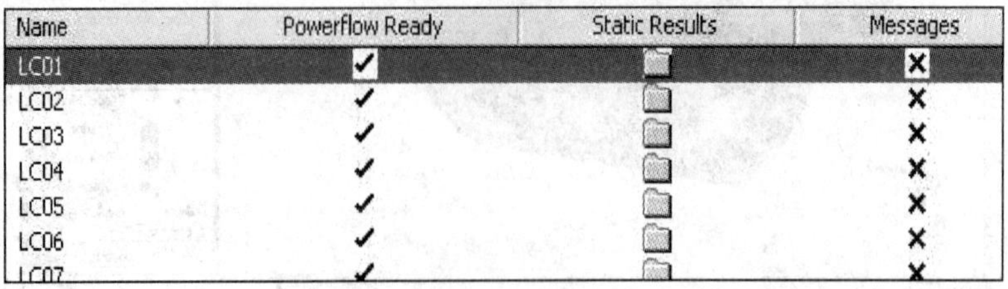

Name	Powerflow Ready	Static Results	Messages
LC01	✓	📁	✗
LC02	✓	📁	✗
LC03	✓	📁	✗
LC04	✓	📁	✗
LC05	✓	📁	✗
LC06	✓	📁	✗
LC07	✓	📁	✗

图 6-88

● 在齿轮箱主窗口中选择【Reports】（报告）→【Complete Duty Cycle Results. . .】（完整载荷谱结果）命令，可打开完整的工况计算结果，如图 6-89 所示。点击【Gear Life Report】（齿轮寿命报告）可查看齿轮的完整计算报告。

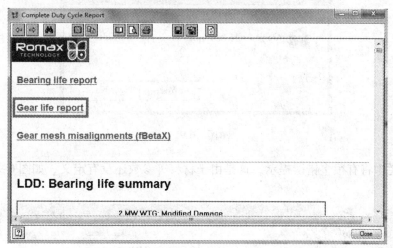

图　6-89

6.2.4　概念行星轮副转换成详细行星轮副

1. 概念行星轮转换成详细行星轮

● 打开模型【2MW-WTG-Stage-3. ssd】文件。

● 在设计窗口双击【Stage 1 Concept Planetary Gear Set】（一级概念行星齿轮副）打开行星轮设计工具窗口。点击【Convert Gears to Detailed】（转换齿轮为详细齿轮）按钮，如图 6-90 所示。

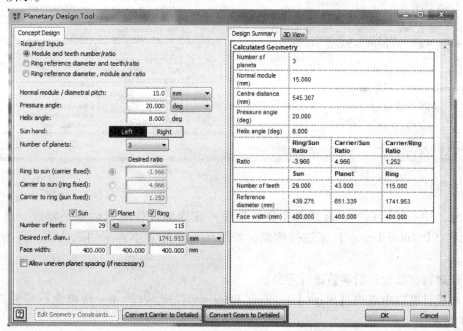

图　6-90

● 在弹出的提示框中点击【Yes】确认信息，如图 6-91 所示。

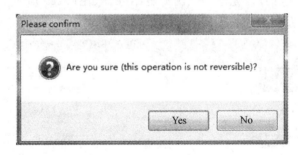

图　6-91

● 信息栏中将有很多错误提示，这是由于材料等参数还没有定义，如图 6-92 所示。

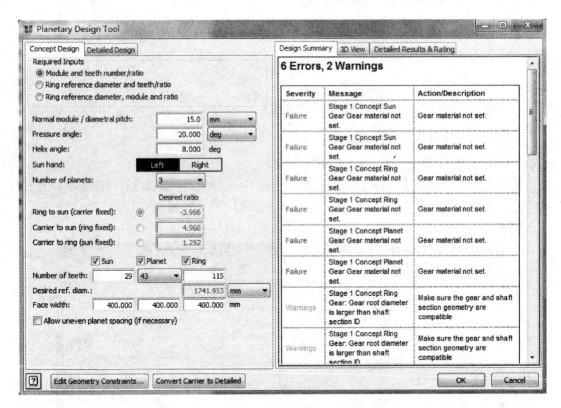

图　6-92

注意，中心距、侧隙、齿顶高变位系数等可在详细设计的对话框下修改，也可通过详细设计（Detailed Design）来进行调整，如图 6-93 所示。本例采用默认值，点击【OK】按钮。

下面对行星齿轮详细参数进行定义。

● 在设计窗口中双击【Stage 1 Concept Planetary Gear Set】（一级概念行星轮副），如图 6-94 所示。

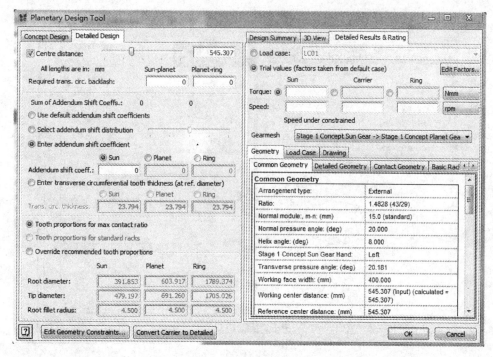

图　6-93

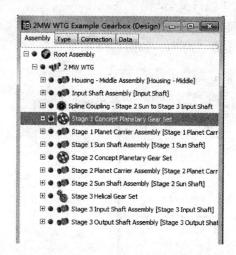

图　6-94

- 在弹出的参数列表中双击【Materials】（材料），并将材料定义为【Steel, case harden-ed, AGMA grade 2】（钢，表面硬化，AGMA2 级），如图 6-95 所示。
- 双击【Analysis Settings】（分析设置）并将 Rating standard（校核标准）从 AGMA 2001-C95 改到 ISO 6336-2006。
- 双击【Load Case Defaults】（默认工况）设置齿面载荷分布系数 KH – Beta = 1.0，并勾选 caculated（计算）。
- 运行工况 LC10，查看齿轮分析结果。

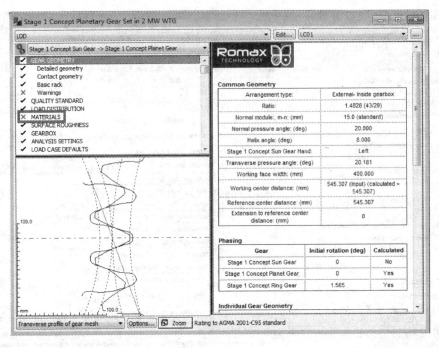

图　6-95

2. 概念行星架转换成详细行星架

• 在齿轮箱的设计窗口中双击【Stage 1 Concept Planetary Gear Set】（一级概念行星轮副）打开第一级概念行星轮副工作表，如图6-96所示。

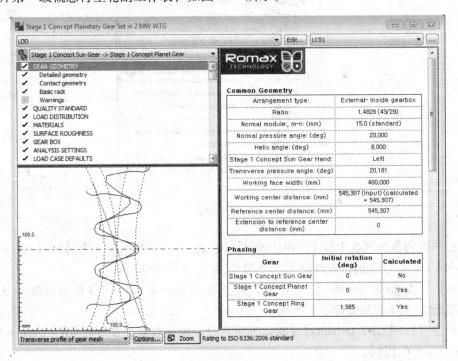

图　6-96

● 点击【Tools】（工具）→【Planetary Designer...】（行星齿轮设计），在弹出的对话框（见图 6-97）中选择【Convert Carrier to Detailed】（转换行星架为详细行星架）按钮。

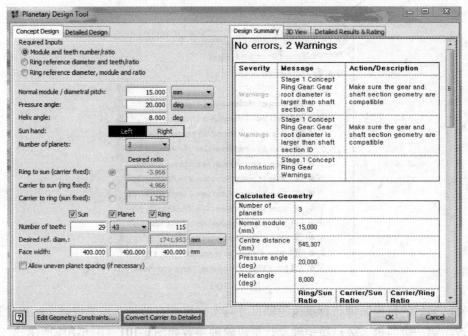

图　6-97

● 在弹出的提示框中点击【Yes】确认信息，如图 6-98 所示。

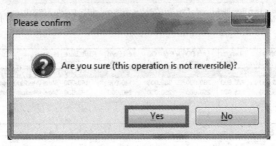

图　6-98

● 弹出信息对话框，提示使用概念行星齿轮设计器编辑详细行星架时的信息，点击【OK】按钮，如图 6-99 所示。

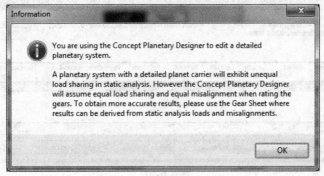

图　6-99

此时完成了行星架概念设计到详细设计的转化。在设计窗口下会发现一级行星齿轮副中出现了 3 对行星轮和销轴的装配件，此时行星架轴的图标也由 ![icon]转化成![icon]，如图 6-100所示。

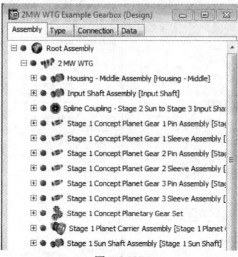

图　6-100

自动转换后的行星销轴与行星齿轮轴尺寸与实际尺寸有差异，需要根据实际尺寸进行相应的修改。第一级与第二级行星销轴及行星齿轮轴参数如图 6-101 ~ 图 6-104 所示。

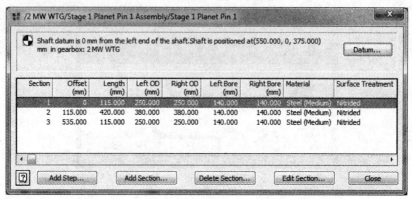

图　6-101

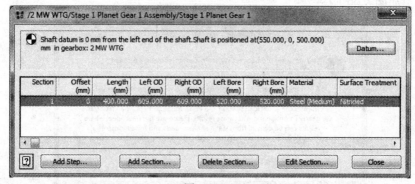

图　6-102

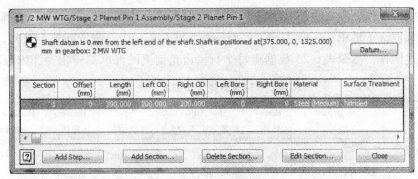

图　6-103

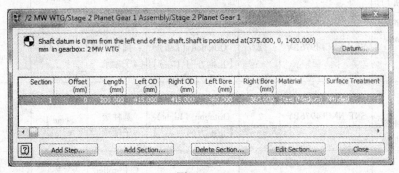

图　6-104

3. 替换行星销轴轴承

至此，行星齿轮和销轴装配件上的轴承为刚性轴承，需要将其替换成详细轴承。

● 在设计窗口下双击【Stage 1 Concept Planet Gear 1 Pin Assembly】（一级概念行星齿轮 1 销轴装配件），打开销轴装配件工作表，如图 6-105 所示。

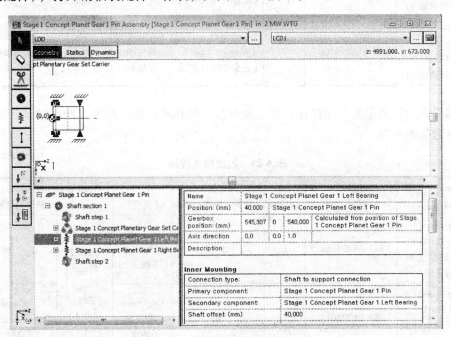

图　6-105

●在装配件工作表内双击模型上已存在的刚性轴承，将其转化成如下信息的圆柱滚子轴承：类型为圆柱滚子轴承；厂商为 SKF；型号为 NNCF4976BV；滚子列数为双列。

重复上述操作，参照表 6-23 数据将每个行星齿轮销上的轴承都转化为详细滚动轴承。

表 6-23　轴承转化为详细滚动轴承

Name（名称）	Designation（型号）	Rows（列数）	Shaft Offset（轴偏置距离）/mm	Type（类型）	Housing（箱体）	Housing offset（箱体偏置距离）/mm
Bearing-Stage 1 Planet Pin 1 Upwind（轴承-上风向一级行星销轴1）	SKF NNCF4976BV	2	225 Oritation（Right）【止推方向（右）】	Cyl. roller 圆柱滚子轴承	Stage 1 Planet Gear 1（一级行星轮1）	100
Bearing-Stage 1 Planet Pin 1 Downwind（轴承-下风向一级行星销轴1）	SKF NNCF4976BV	2	425 Oritation（Left）【止推方向（左）】	Cyl. roller 圆柱滚子轴承		Calculated automatically（自动计算）
Bearing-Stage 1 Planet Pin2 Upwind（轴承-上风向一级行星销轴2）	SKF NNCF4976BV	2	225 Oritation（Right）【止推方向（右）】	Cyl. roller 圆柱滚子轴承	Stage 1 Planet Gear 2（一级行星轮2）	100
Bearing-Stage 1 Planet Pin2 Downwind（轴承-下风向一级行星销轴2）	SKF NNCF4976BV	2	425 Oritation（Left）【止推方向（左）】	Cyl. roller 圆柱滚子轴承		Calculated automatically（自动计算）
Bearing-Stage 1 Planet Pin3 Upwind（轴承-上风向一级行星销轴3）	SKF NNCF4976BV	2	225 Oritation（Right）【止推方向（右）】	Cyl. roller 圆柱滚子轴承	Stage 1 Planet Gear3（一级行星轮3）	100
Bearing-Stage 1 Planet Pin3 Downwind（轴承-下风向一级行星销轴3）	SKF NNCF4976BV	2	425 Oritation（Left）【止推方向（左）】	Cyl. roller 圆柱滚子轴承		Calculated automatically（自动计算）

对第二级行星架重复上述操作，将概念行星架转化成详细行星架，刚度轴承转换成滚动轴承，参数见表 6-24。

表 6-24　刚度轴承转换

Name（名称）	Designation（型号）	Rows（列数）	Shaft Offset（轴偏置距离）/mm	Type（类型）	Housing（箱体）	Housing offset（箱体偏置距离）/mm
Bearing-Stage2 Planet Pin 1 Upwind（轴承-上风向二级行星轴1）	SKF NU2240EC	1	145	Cyl. roller（圆柱滚子轴承）	Stage 2 Planet Gear 1（二级行星轮1）	50
Bearing-Stage2 Planet Pin 1 Downwind（轴承-下风向二级行星轴1）	SKF NU2240EC	1	245	Cyl. roller（圆柱滚子轴承）		Calculated automatically（自动计算）

（续）

Name （名称）	Designation （型号）	Rows （列数）	Shaft Offset （轴偏置距离）/mm	Type （类型）	Housing （箱体）	Housing offset （箱体偏置距离）/mm
Bearing-Stage2 Planet Pin 2 Upwind（轴承-上风 向二级行星销轴2）	SKF NU2240EC	1	145	Cyl. roller （圆柱滚 子轴承）	Stage 2 Planet Gear 2	50
Bearing-Stage2 Planet Pin 2 Downwind（轴承-下风 向二级行星销轴2）	SKF NU2240EC	1	245	Cyl. roller （圆柱滚 子轴承）	（二级行 星轮2）	Calculated automatically （自动计算）
Bearing-Stage2 Planet Pin 3 Upwind（轴承-上风 向二级行星销轴3）	SKF NU2240EC	1	145	Cyl. roller （圆柱滚 子轴承）	Stage 2 Planet Gear 3	50
Bearing-Stage2 Planet Pin 3 Downwind（轴承-下风 向二级行星销轴3）	SKF NU2240EC	1	245	Cyl. roller （圆柱滚 子轴承）	（二级行 星轮3）	Calculated automatically （自动计算）

对于第二级行星轮销轴，在相应位置添加 Clearances Bearing（间隙轴承），参数见表 6-25。

表 6-25　间隙轴承参数

Name （名称）	Bearing Type （轴承类型）	Shaft Offset （偏置距离）/mm	Outer Diameter （外径）	Bore Diameter （内径）	clearance （间隙）	Housing （箱体）
Axial Clearance-Stage 2 Planet 1 Upwind （轴向间隙-上风向 二级行星轮1）	Thrust Pad Direction（Right） 【止推方向（右）】	95	200	190	140	Stage 2 Planet Gear 1 （二级行 星轮1）
Axial Clearance-Stage 2 Planet 1 Downwind （轴向间隙-下风向 二级行星轮1）	Thrust Pad Direction（Left） 【止推方向（左）】	295				
Axial Clearance-Stage 2 Planet2 Upwind （轴向间隙-上风向 二级行星轮2）	Thrust Pad Direction（Right） 【止推方向（右）】	95	200	190	140	Stage 2 Planet Gear 2 （二级行 星轮2）
Axial Clearance-Stage 2 Planet 2 Downwind （轴向间隙-下风向 二级行星轮2）	Thrust Pad Direction（Left） 【止推方向（左）】	295				
Axial Clearance-Stage 2 Planet3 Upwind （轴向间隙-上风向 二级行星轮3）	Thrust Pad Direction（Right） 【止推方向（右）】	95	200	190	140	Stage 2 Planet Gear 3 （二级行 星轮3）
Axial Clearance-Stage 2 Planet3 Downwind （轴向间隙-下风向 二级行星轮3）	Thrust Pad Direction（Left） 【止推方向（左）】	295				

至此，行星齿轮和销轴装配件上的轴承已替换成详细轴承，如图 6-106 所示。

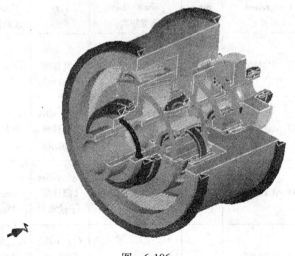

图　6-106

6.2.5　运行静态分析并查看结果

1. 重力影响静态分析设置

● 激活齿轮箱模型，在主窗口菜单中点击【Analysis】（分析）→【Analysis Settings...】（分析设置）命令。

● 在弹出的对话框的【Static FE solver】（静态有限元求解器）选项卡下【General Options】（常规选项）内选择【Include gravitational effects on sections and load masses】（考虑各个轴段以及负载质量的重力效应），点击【OK】按钮，如图 6-107 所示。

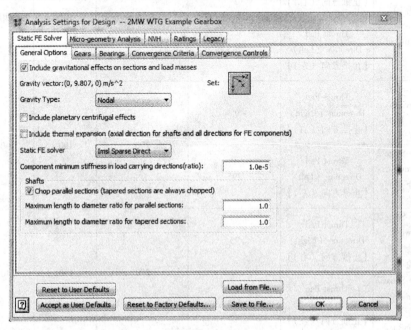

图　6-107

● 在弹出的对话框（见图 6-108）中，点击【OK】按钮确认。

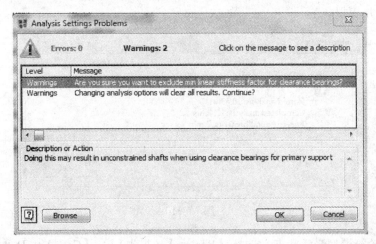

图　6-108

2. 查看考虑重力影响下的静态分析结果

● 激活齿轮箱模型，点击【Analysis】（分析）→【Duty cycle】（载荷谱），打开【Edit Duty Cycle】（编辑载荷谱）界面；点击右侧的【Static Analysis...】（静态分析）按钮，运行载荷谱 LDD 下的所有工况，如图 6-109 所示。

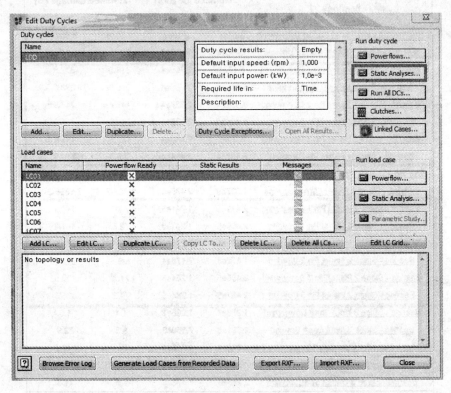

图　6-109

● 在弹出的对话框中点击【OK】按钮关闭信息窗口，如图 6-110 所示。再关闭 Duty Cycle（载荷谱）窗口。

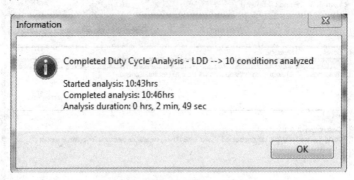

图　6-110

● 保持齿轮箱模型激活状态，选择【Reports】（报告）→【Complete Duty Cycle Report】（完整载荷谱报告）命令，查看分析结果。

1）查看第一级行星架三个行星销轴上的圆柱滚子轴承的修正 ISO 寿命（Adjusted ISO life）和（改进失效）（Modified damage），记录数据，与去除重力后的分析结果进行比较，结果如图 6-111 所示。

Bearings	Modified life (hrs)		Modified damage (%)	
	ISO 281	Adjusted ISO 281	ISO 281	Adjusted ISO 281
Bearing - Stage 1 Planet Carrier Downwind	2.88e7	2.88e7	0.6076	0.6077
Bearing - Stage 1 Planet Carrier Upwind	1.483e8	1.433e8	0.118	0.1221
Bearing - Stage 1 Planet Pin 1 Downwind	5.17e4	2.765e4	338.5	632.9
Bearing - Stage 1 Planet Pin 1 Upwind	5.148e4	2.765e4	340.0	633.0
Bearing - Stage 1 Planet Pin 2 Downwind	3.912e4	2.337e4	447.4	748.9
Bearing - Stage 1 Planet Pin 2 Upwind	6.484e4	2.379e4	269.9	735.6
Bearing - Stage 1 Planet Pin 3 Downwind	3.91e4	2.336e4	447.6	749.1
Bearing - Stage 1 Planet Pin 3 Upwind	6.603e4	2.424e4	265.0	721.9
Bearing - Stage 2 Planet Carrier Downwind	1.218e6	2.546e5	14.4	68.7
Bearing - Stage 2 Planet Carrier Upwind	1.287e9	2.435e8	1.36e-2	7.186e-2
Bearing - Stage 2 Planet Pin 1 Downwind	2.411e5	1.241e5	72.6	141.1
Bearing - Stage 2 Planet Pin 1 Upwind	2.409e5	1.241e5	72.6	141.0
Bearing - Stage 2 Planet Pin 2 Downwind	1.371e5	7.276e4	127.6	240.5
Bearing - Stage 2 Planet Pin 2 Upwind	1.352e5	7.178e4	129.5	243.8
Bearing - Stage 2 Planet Pin 3 Downwind	2.455e5	1.264e5	71.3	138.5
Bearing - Stage 2 Planet Pin 3 Upwind	2.492e5	1.284e5	70.2	136.3
Bearing - Stage 3 Input Shaft Downwind	1.289e7	1.066e7	1.4	1.6
Bearing - Stage 3 Input Shaft Upwind	1.891e6	7.658e5	9.3	22.9
Bearing - Stage 3 Output Shaft Downwind Ball	4.652e4	4.615e4	376.2	379.2
Bearing - Stage 3 Output Shaft Downwind Cyl	4.294e7	2.438e7	0.4076	0.7178
Bearing - Stage 3 Output Shaft Upwind	2.256e6	1.478e6	7.8	11.8

图　6-111

2）查看工况 LC10 下第一级行星齿轮副的分析结果。

● 打开【Stage 1 Plantery Gear Set Work Sheet】（一级行星轮副工作表），在图6-112 所示窗口的右上方下拉菜单中选择 LC10，点击【Results】（结果）选项。

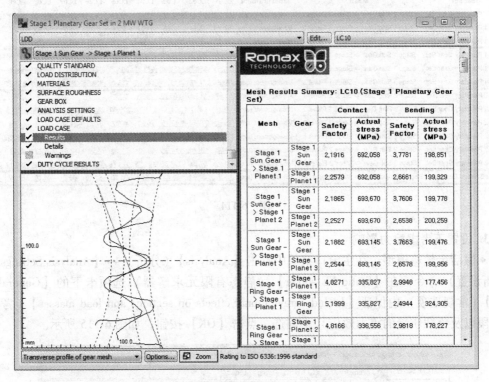

图 6-112

● 静态分析结果显示在窗口右侧表格中，如图 6-113 所示。

Mesh Results Summary

Mesh	Gear	Contact		Bending	
		Safety factor	Actual stress (MPa)	Safety Factor	Actual stress (MPa)
Stage 1 Sun Gear -> Stage 1 Planet 1	Stage 1 Sun Gear	1.972	692.058447	3.778	198.850923
	Stage 1 Planet 1	2.031	692.058447	2.666	199.329270
Stage 1 Sun Gear -> Stage 1 Planet 2	Stage 1 Sun Gear	1.967	693.670400	3.761	199.778335
	Stage 1 Planet 2	2.027	693.670400	2.654	200.258913
Stage 1 Sun Gear -> Stage 1 Planet 3	Stage 1 Sun Gear	1.969	693.145230	3.766	199.475949
	Stage 1 Planet 3	2.028	693.145230	2.658	199.955800

图 6-113

3）查看齿轮的啮合错位量

保持【Stage 1 Plantery Gear Set work sheet】（一级行星轮副工作表）在激活状态，选择

【Reports】（报告）→【Gear Mesh Misalignments（FBetaX）...】【齿轮啮合错位(FBetaX)】命令，结果如图 6-114 所示。

Gear set	Mesh	Measurement	LC01	LC02	LC03	LC04	LC05	LC06	LC07	LC08	LC09	LC10
Stage 1 Planetary Gear Set	Stage 1 Ring Gear -> Stage 1 Planet 1	Misalignment (um)	-37.26	32.84	40.23	43.11	48.14	54.94	58.38	59.03	59.39	63.90
Stage 1 Planetary Gear Set	Stage 1 Ring Gear -> Stage 1 Planet 2	Misalignment (um)	-66.93	15.61	12.86	11.27	9.26	6.78	-6.83	-7.43	-7.77	-12.14
Stage 1 Planetary Gear Set	Stage 1 Ring Gear -> Stage 1 Planet 3	Misalignment (um)	-67.09	9.88	9.24	8.27	7.03	5.78	-6.80	-9.39	-9.73	-14.04
Stage 1 Planetary Gear Set	Stage 1 Sun Gear -> Stage 1 Planet 1	Misalignment (um)	-635.07	452.89	505.49	532.50	549.06	555.00	555.97	556.05	556.08	555.75
Stage 1 Planetary Gear Set	Stage 1 Sun Gear -> Stage 1 Planet 2	Misalignment (um)	224.51	-657.79	-558.96	-573.65	-597.21	-624.48	-637.88	-640.34	-641.71	-658.77
Stage 1 Planetary Gear Set	Stage 1 Sun Gear -> Stage 1 Planet 3	Misalignment (um)	473.64	77.48	-117.84	-148.65	-175.06	-200.35	-212.38	-214.58	-215.81	-231.05
Stage 2 Planetary Gear Set	Stage 2 Ring Gear -> Stage 2 Planet 1	Misalignment (um)	55.92	-113.47	-106.28	-66.61	-33.23	-10.31	-2.91	2.34	2.83	12.26
Stage 2 Planetary Gear Set	Stage 2 Ring Gear -> Stage 2 Planet 2	Misalignment (um)	-176.07	25.17	204.32	218.92	229.60	239.58	243.91	244.70	245.15	250.84
Stage 2 Planetary Gear Set	Stage 2 Ring Gear -> Stage 2 Planet 3	Misalignment (um)	-89.68	272.55	112.75	70.23	46.27	37.22	34.61	34.24	34.04	32.42
Stage 2 Planetary Gear Set	Stage 2 Sun Gear -> Stage 2 Planet 1	Misalignment (um)	248.76	-395.61	-191.88	-127.91	-91.44	-78.00	-73.51	-72.78	-72.39	-68.46
Stage 2 Planetary Gear Set	Stage 2 Sun Gear -> Stage 2 Planet 2	Misalignment (um)	37.68	121.85	114.98	68.98	31.30	8.50	-2.86	-4.23	-5.00	-15.92
Stage 2 Planetary Gear Set	Stage 2 Sun Gear -> Stage 2 Planet 3	Misalignment (um)	-74.92	87.28	-132.85	-161.95	-179.79	-192.83	-197.78	-198.64	-199.10	-204.81
Stage 3 Helical Gear Set	Stage 3 Output Gear -> Stage 3 Input Gear	Misalignment (um)	12.30	-50.61	-53.09	-53.68	-55.80	-59.10	-60.71	-61.00	-61.17	-63.21

图 6-114

3. 设置不考虑重力影响

● 激活齿轮箱模型，在主窗口菜单中点击【Analysis】（分析）→【Analysis Settings...】（分析设置）命令；在【Static FE solver】（静态有限元求解器）选项卡下的【General Options】（常规选项）内保证【Include gravitational effects on sections and load masses】（考虑各个轴段以及负载质量的重力效应）不勾选，点击【OK】按钮，如图 6-115 所示。

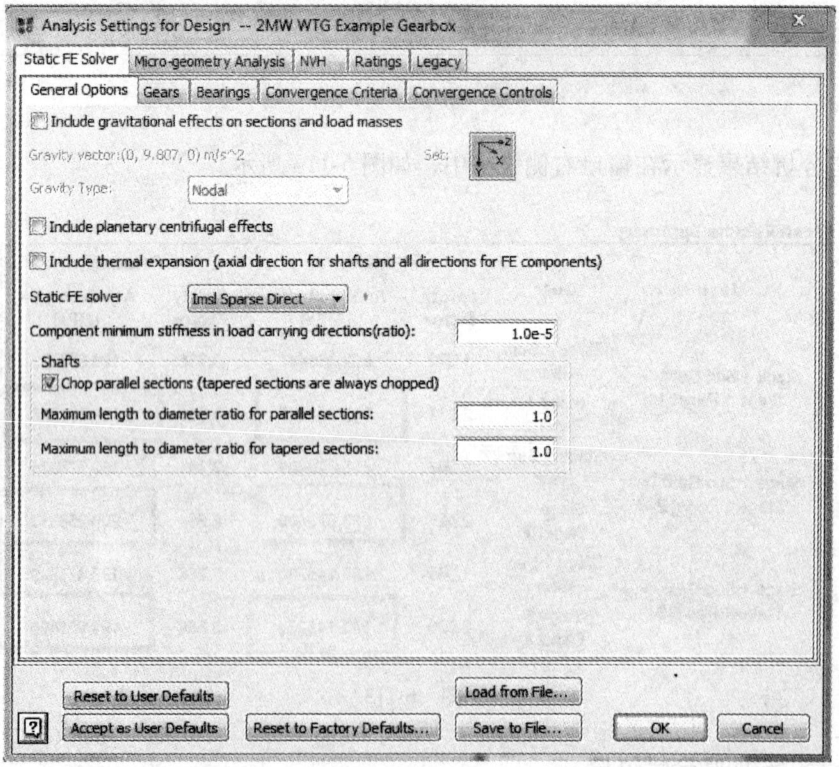

图 6-115

● 在弹出的对话框见图 6-116 中，点击【OK】按钮确认。

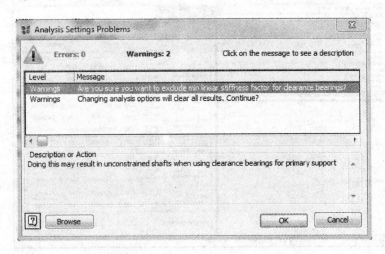

图　6-116

4. 查看无重力影响下的静态分析结果

重复本节 2. 的分析过程，得到如图 6-117～图 6-120 所示的分析结果。

Bearings	Modified life (hrs)		Modified damage (%)	
	ISO 281	Adjusted ISO 281	ISO 281	Adjusted ISO 281
Bearing - Stage 1 Planet Carrier Downwind	2.664e20	2.665e20	0	0
Bearing - Stage 1 Planet Carrier Upwind	3.149e24	3.195e24	0	0
Bearing - Stage 1 Planet Pin 1 Downwind	5.04e4	2.707e4	347.2	646.4
Bearing - Stage 1 Planet Pin 1 Upwind	5.018e4	2.707e4	348.8	646.6
Bearing - Stage 1 Planet Pin 2 Downwind	3.981e4	2.379e4	439.6	735.7
Bearing - Stage 1 Planet Pin 2 Upwind	6.659e4	2.443e4	262.8	716.5
Bearing - Stage 1 Planet Pin 3 Downwind	3.981e4	2.379e4	439.6	735.7
Bearing - Stage 1 Planet Pin 3 Upwind	6.659e4	2.443e4	262.8	716.5
Bearing - Stage 2 Planet Carrier Downwind	2.156e6	3.83e5	8.1	45.7
Bearing - Stage 2 Planet Carrier Upwind	8.199e8	1.692e8	2.135e-2	0.1034
Bearing - Stage 2 Planet Pin 1 Downwind	2.415e5	1.244e5	72.5	140.7
Bearing - Stage 2 Planet Pin 1 Upwind	2.413e5	1.244e5	72.5	140.6
Bearing - Stage 2 Planet Pin 2 Downwind	1.397e5	7.401e4	125.3	236.5
Bearing - Stage 2 Planet Pin 2 Upwind	1.396e5	7.402e4	125.4	236.5
Bearing - Stage 2 Planet Pin 3 Downwind	2.409e5	1.242e5	72.6	140.9
Bearing - Stage 2 Planet Pin 3 Upwind	2.408e5	1.242e5	72.7	140.9
Bearing - Stage 3 Input Shaft Downwind	1.489e7	1.265e7	1.2	1.4
Bearing - Stage 3 Input Shaft Upwind	3.083e6	1.223e6	5.7	14.3
Bearing - Stage 3 Output Shaft Downwind Ball	4.618e4	4.585e4	379.0	381.7
Bearing - Stage 3 Output Shaft Downwind Cyl	3.334e7	1.916e7	0.5249	0.9136
Bearing - Stage 3 Output Shaft Upwind	2.18e6	1.43e6	8.0	12.2

图　6-117

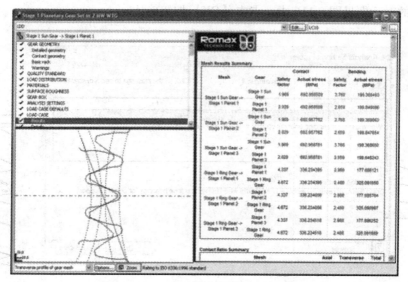

图　6-118

Mesh Results Summary					
Mesh	**Gear**	**Contact**		**Bending**	
		Safety factor	Actual stress (MPa)	Safety Factor	Actual stress (MPa)
Stage 1 Sun Gear -> Stage 1 Planet 1	Stage 1 Sun Gear	1.969	692.958509	3.768	199.368493
	Stage 1 Planet 1	2.029	692.958509	2.659	199.848086
Stage 1 Sun Gear -> Stage 1 Planet 2	Stage 1 Sun Gear	1.969	692.957762	3.768	199.368063
	Stage 1 Planet 2	2.029	692.957762	2.659	199.847654
Stage 1 Sun Gear -> Stage 1 Planet 3	Stage 1 Sun Gear	1.969	692.958781	3.768	199.368650
	Stage 1 Planet 3	2.029	692.958781	2.659	199.848243

图　6-119

Gear set	Mesh	Measurement	LC01	LC02	LC04	LC05	LC06	LC07	LC08	LC09	LC10
Stage 1 Planetary Gear Set	Stage 1 Ring Gear -> Stage 1 Planet 1	Misalignment (um)	-34.70	29.70	40.27	45.34	52.16	55.61	56.26	56.62	61.13
Stage 1 Planetary Gear Set	Stage 1 Ring Gear -> Stage 1 Planet 2	Misalignment (um)	-68.50	14.55	11.22	9.32	6.91	6.72	-7.23	-7.56	-11.91
Stage 1 Planetary Gear Set	Stage 1 Ring Gear -> Stage 1 Planet 3	Misalignment (um)	-68.50	14.55	11.22	9.32	6.91	6.72	-7.23	-7.56	-11.91
Stage 1 Planetary Gear Set	Stage 1 Sun Gear -> Stage 1 Planet 1	Misalignment (um)	-13.78	59.02	50.55	44.94	36.79	32.58	31.78	31.34	27.26
Stage 1 Planetary Gear Set	Stage 1 Sun Gear -> Stage 1 Planet 2	Misalignment (um)	27.36	-27.93	-51.46	-65.20	-84.25	-94.29	-96.16	-97.22	-110.58
Stage 1 Planetary Gear Set	Stage 1 Sun Gear -> Stage 1 Planet 3	Misalignment (um)	49.14	-158.05	-188.46	-202.53	-221.96	-232.17	-234.08	-235.16	-248.77
Stage 2 Planetary Gear Set	Stage 2 Ring Gear -> Stage 2 Planet 1	Misalignment (um)	-154.82	68.56	78.02	85.70	94.96	99.11	99.85	100.27	105.63
Stage 2 Planetary Gear Set	Stage 2 Ring Gear -> Stage 2 Planet 2	Misalignment (um)	2.84	176.48	196.97	205.92	213.50	217.24	217.96	218.37	223.59
Stage 2 Planetary Gear Set	Stage 2 Ring Gear -> Stage 2 Planet 3	Misalignment (um)	-57.80	-58.19	-54.29	-48.84	-41.90	-38.82	-38.25	-37.94	-33.82
Stage 2 Planetary Gear Set	Stage 2 Sun Gear -> Stage 2 Planet 1	Misalignment (um)	-23.04	36.88	40.15	37.06	32.83	31.05	30.71	30.54	28.04
Stage 2 Planetary Gear Set	Stage 2 Sun Gear -> Stage 2 Planet 2	Misalignment (um)	82.61	-32.62	-60.63	-72.05	-84.46	-90.41	-91.51	-92.14	-99.91
Stage 2 Planetary Gear Set	Stage 2 Sun Gear -> Stage 2 Planet 3	Misalignment (um)	152.08	-190.74	-200.17	-204.61	-210.62	-213.14	-213.60	-213.86	-217.26
Stage 3 Helical Gear Set	Stage 3 Output Gear -> Stage 3 Input Gear	Misalignment (um)	-49.04	-26.41	-47.83	-51.55	-55.31	-57.12	-57.45	-57.63	-59.90

图　6-120

读者可对比前、后的分析结果，并进行相应的分析。

6.3　模型的有限元化

6.3.1　行星架的有限元化

对于所有 Romax 轴，都可以使用 Romax 自带的网格划分功能将其有限元化。

● 激活【Stage 1 Planet Carrier】（一级行星架）工作表，从主窗口中选择【Properties】（属性）→【Change to FE Shaft】（转换为有限元轴）命令，如图 6-121 所示。

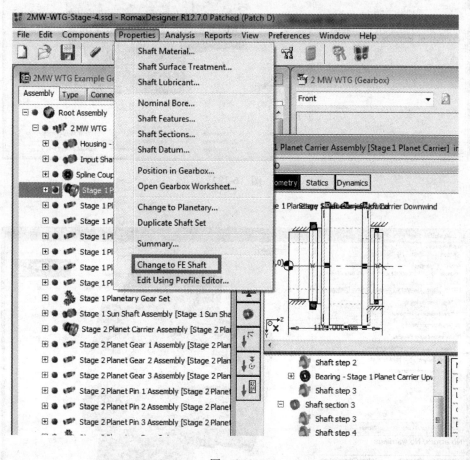

图　6-121

● 在弹出的对话框（见图 6-122）中设置网格参数，点击【Mesh】（网格划分）进行网格划分。

● 划分完成后，如图 6-123 所示。

● 点击【OK】按钮确认后，可发现设计窗口中【Stage 1 Planet Carrier】（一级行星架）的图标已转换为 ，其装配件工作表如图 6-124 所示。

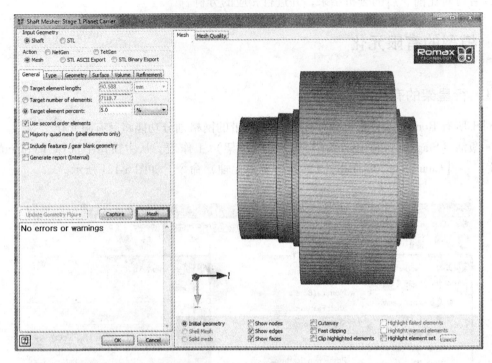

图　6-122

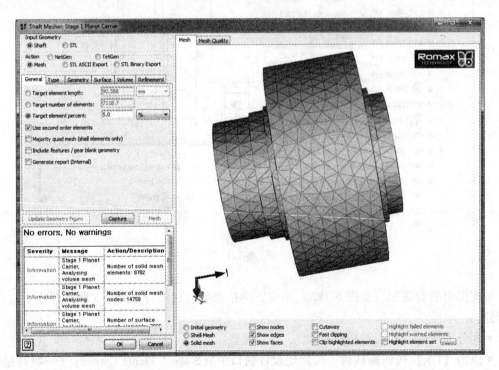

图　6-123

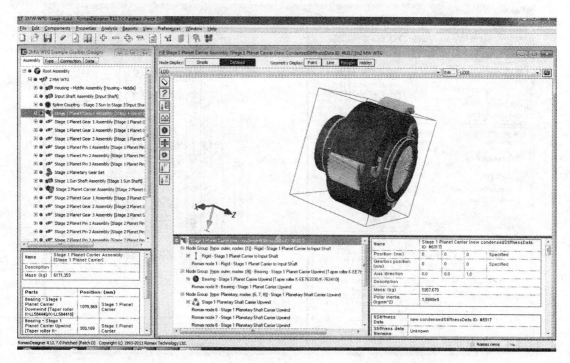

图　6-124

● 从主窗口中选择【Properties】（属性）→【Edit Node Connections】（编辑节点连接）命令，进行有限元部件与其他相应部件的节点连接，软件会自动提示目前未连接成功的相应节点，如图 6-125 所示。

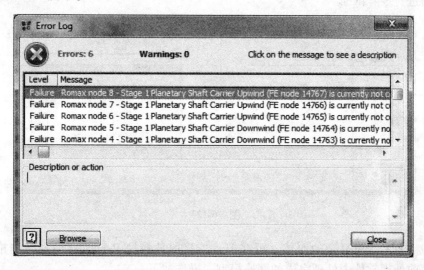

图　6-125

● 点击【Close】进入节点连接对话框，如图 6-126 所示。通过连接设置搜索相应的节点，成功连接有限元部件和其他相应部件。

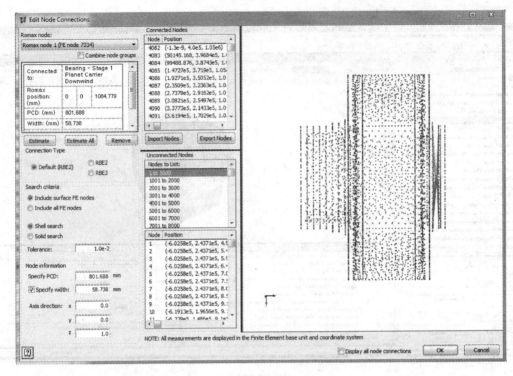

图　6-126

● 节点连接完成后，对有限元（FE）模型进行缩聚：选择【Analysis】（分析）→
【Condense FE model】（缩聚有限元模型）命令，在弹出的图 6-127 所示对话框中点击【OK】
按钮，开始进行矩阵浓缩。

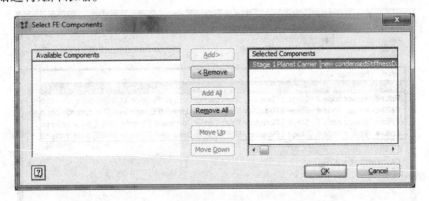

图　6-127

若用户需要考虑更复杂的箱体，可在节点连接前替换掉 Romax 自动划分网格的 FE 部
件，在导入前处理软件中处理完成的网格模型。操作如下：

● 选择【Properties】（属性）→【Import and Position FE Data】（导入和定位有限元数
据）命令，弹出图 6-128 所示的对话框。

● 选择 FE Data【stage-1-carrier】（一级行星架），点击【Open】（打开）按钮。

● 选择 FE Unit 的单位 MPA（mm，N，tonnes），点击【OK】按钮。如图 6-129 所示。

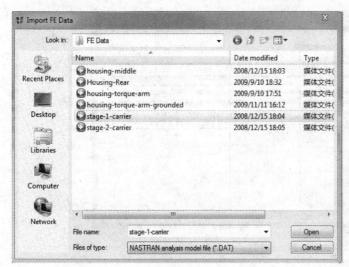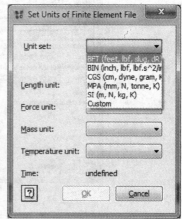

图　6-128　　　　　　　　　　　　　　　　　图　6-129

● 导入的 FE 模型，可能因三维模型建立时坐标与 Romax 该部件的坐标不一致，需检查模型。若有需要，需重新定位 FE Data（有限元数据），如图 6-130 所示。

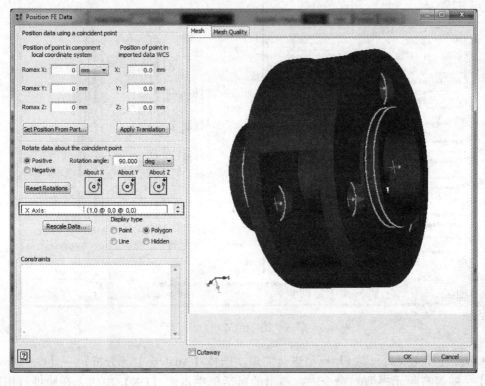

图　6-130

● 从主窗口中选择【Properties】（属性）→【Edit Node Connections】（编辑节点连接）命令，进行有限元部件与其他相应部件的节点连接，软件会自动提示目前未连接成功的相应节点，如图 6-131 所示。

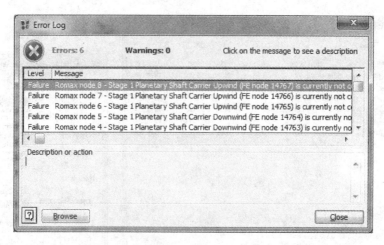

图　6-131

● 点击【Close】（关闭）进入节点连接对话框，如图 6-132 所示。通过连接设置搜索相应的节点，成功连接有限元部件和其他相应部件。

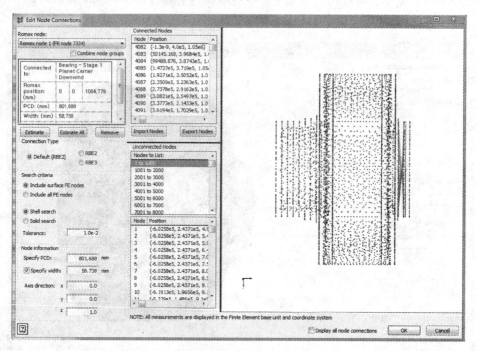

图　6-132

● 节点连接完成后，对 FE 模型进行缩聚。选择【Analysis】（分析）→【Condense FE model】（缩聚有限元模型）命令，在弹出的对话框中点击【OK】按钮，开始进行矩阵浓缩。浓缩完成后就可以考虑该部件的柔性进行系统分析。

以上步骤完成了 FE Data 替代详细行星架的过程，重复同样的操作将第二级行星架也转换为 FE Data。

6.3.2　分析行星架为 FE 模型的齿轮箱

打开模型【2MW-WTG-Stage-5. ssd】，该模型两级行星架都已转换为 FE Data，如图 6-133 所示。

图　6-133

- 运行 LDD（Load Case Duration Distribution，载荷谱）载荷谱分析。
- 对比行星架为详细行星架和 FE 行星架时的轴承、齿轮分析结果，如图 6-134 ~ 图 6-139 所示。

Bearing Results before FE Planet Carriers

Bearings	Modified life (hrs) ISO 281	Adjusted ISO 281	Modified damage (%) ISO 281	Adjusted ISO 281
Bearing - Stage 1 Planet Carrier Downwind	2.864e20	2.865e20	0	0
Bearing - Stage 1 Planet Carrier Upwind	3.149e24	3.195e24	0	0
Bearing - Stage 1 Planet Pin 1 Downwind	5.04e4	2.707e4	347.2	646.4
Bearing - Stage 1 Planet Pin 1 Upwind	5.018e4	2.707e4	348.8	646.8
Bearing - Stage 1 Planet Pin 2 Downwind	3.981e4	2.379e4	439.6	735.7
Bearing - Stage 1 Planet Pin 2 Upwind	6.859e4	2.443e4	262.8	718.5
Bearing - Stage 1 Planet Pin 3 Downwind	3.981e4	2.379e4	439.6	735.7
Bearing - Stage 1 Planet Pin 3 Upwind	6.859e4	2.443e4	262.8	718.5
Bearing - Stage 2 Planet Carrier Downwind	2.156e6	3.83e5	8.1	45.7
Bearing - Stage 2 Planet Carrier Upwind	8.199e8	1.692e6	2.135e-2	0.1034
Bearing - Stage 2 Planet Pin 1 Downwind	2.415e5	1.244e5	72.5	140.7
Bearing - Stage 2 Planet Pin 1 Upwind	2.413e5	1.244e5	72.5	140.8
Bearing - Stage 2 Planet Pin 2 Downwind	1.397e5	7.401e4	125.3	236.5
Bearing - Stage 2 Planet Pin 2 Upwind	1.396e5	7.402e4	125.4	236.5
Bearing - Stage 2 Planet Pin 3 Downwind	2.409e5	1.242e5	72.6	140.9
Bearing - Stage 2 Planet Pin 3 Upwind	2.408e5	1.242e5	72.7	140.9
Bearing - Stage 3 Input Shaft Downwind	1.489e7	1.205e7	1.2	1.4
Bearing - Stage 3 Input Shaft Upwind	3.083e6	1.223e6	5.7	14.3
Bearing - Stage 3 Output Shaft Downwind Ball	4.618e4	4.585e4	379.0	381.7
Bearing - Stage 3 Output Shaft Downwind Cyl	3.334e7	1.916e7	0.5249	0.9136
Bearing - Stage 3 Output Shaft Upwind	2.18e6	1.43e6	8.0	12.2

图　6-134

Bearing Results after FE Planet Carriers

Bearings	Modified life (hrs) ISO 281	Adjusted ISO 281	Modified damage (%) ISO 281	Adjusted ISO 281
Bearing - Stage 1 Planet Carrier Downwind	6.288e18	6.287e18	2.784e-12	2.784e-12
Bearing - Stage 1 Planet Carrier Upwind	9.468e19	9.473e19	0	0
Bearing - Stage 1 Planet Pin 1 Downwind	5.113e4	2.692e4	342.3	650.1
Bearing - Stage 1 Planet Pin 1 Upwind	4.918e4	2.687e4	355.9	651.3
Bearing - Stage 1 Planet Pin 2 Downwind	4.031e4	2.403e4	434.2	728.3
Bearing - Stage 1 Planet Pin 2 Upwind	6.524e4	2.448e4	268.3	714.8
Bearing - Stage 1 Planet Pin 3 Downwind	4.031e4	2.403e4	434.2	728.3
Bearing - Stage 1 Planet Pin 3 Upwind	6.524e4	2.448e4	268.3	714.8
Bearing - Stage 2 Planet Carrier Downwind	2.189e6	3.862e5	8.0	45.3
Bearing - Stage 2 Planet Carrier Upwind	8.64e8	1.742e6	2.026e-2	0.1004
Bearing - Stage 2 Planet Pin 1 Downwind	2.415e5	1.239e5	72.5	141.3
Bearing - Stage 2 Planet Pin 1 Upwind	2.3e5	1.238e5	72.5	141.4
Bearing - Stage 2 Planet Pin 2 Downwind	1.409e5	7.433e4	124.2	235.5
Bearing - Stage 2 Planet Pin 2 Upwind	1.398e5	7.429e4	125.2	235.6
Bearing - Stage 2 Planet Pin 3 Downwind	2.411e5	1.236e5	72.6	141.6
Bearing - Stage 2 Planet Pin 3 Upwind	2.385e5	1.235e5	73.4	141.7
Bearing - Stage 3 Input Shaft Downwind	1.5e7	1.273e7	1.2	1.4
Bearing - Stage 3 Input Shaft Upwind	2.891e6	1.151e6	6.1	15.2
Bearing - Stage 3 Output Shaft Downwind Ball	4.606e4	4.573e4	379.9	382.7
Bearing - Stage 3 Output Shaft Downwind Cyl	3.333e7	1.915e7	0.525	0.9139
Bearing - Stage 3 Output Shaft Upwind	2.179e6	1.43e6	8.0	12.2

图　6-135

Gear Results before adding FE Planet Carriers

Gear	Contact Stress Left	Right	Bending Stress Left	Right	Safety Factor Contact	Bending
		(MPa)				
Stage 3 Output Gear	418.524638	674.858516	94.817856	246.532135	1.866	3.092
Stage 3 Input Gear	418.524638	674.858516	105.225956	273.593822	1.943	2.867
Stage 2 Sun Gear	677.347441	424.838936	223.823377	88.050349	1.884	3.489
Stage 2 Ring Gear	220.677288	336.791043	159.046109	370.449350	4.148	2.259
Stage 2 Planet 3	647.404724	424.838936	212.671624	196.565104	1.994	2.586
Stage 2 Planet 2	677.347441	417.888733	232.798838	213.374120	1.906	2.363
Stage 2 Planet 1	647.401965	402.081899	212.669811	196.566591	1.994	2.586
Stage 1 Sun Gear	692.958781	427.237828	199.368600	75.784687	1.958	3.768
Stage 1 Ring Gear	217.521857	336.234518	136.059022	325.091889	4.478	2.488
Stage 1 Planet 3	692.958781	427.235992	199.848243	177.886252	1.982	2.659
Stage 1 Planet 2	692.957762	427.236066	199.847654	177.885764	1.982	2.659
Stage 1 Planet 1	692.958509	427.237828	199.848086	177.886121	1.982	2.659

图 6-136

Gear Results after adding FE Planet Carriers

Gear	Contact Stress Left	Right	Bending Stress Left	Right	Safety Factor Contact	Bending
		(MPa)				
Stage 3 Output Gear	418.524638	674.858516	94.817856	246.532135	1.866	3.092
Stage 3 Input Gear	418.524638	674.858516	105.225956	273.593822	1.943	2.867
Stage 2 Sun Gear	676.946424	424.826015	223.558430	88.044993	1.885	3.493
Stage 2 Ring Gear	220.671721	336.609399	159.038084	370.049865	4.150	2.261
Stage 2 Planet 3	647.609627	424.826015	212.806266	196.680529	1.993	2.585
Stage 2 Planet 2	676.946424	417.885104	232.523267	213.144021	1.907	2.365
Stage 2 Planet 1	647.616434	402.099321	212.810740	196.684265	1.993	2.585
Stage 1 Sun Gear	692.958780	427.237831	199.368649	75.784688	1.958	3.768
Stage 1 Ring Gear	217.521858	336.234517	136.059023	325.091887	4.478	2.488
Stage 1 Planet 3	692.958780	427.235989	199.848242	177.886251	1.982	2.659
Stage 1 Planet 2	692.957751	427.236066	199.847648	177.885759	1.982	2.659
Stage 1 Planet 1	692.958522	427.237831	199.848093	177.886127	1.982	2.659

图 6-137

Mesh Misalignment Results before adding FE Planet Carriers

LDD: Gear Mesh Misalignment Summary

Gear set	Mesh	Measurement	LC01	LC02	LC04	LC05	LC06	LC07	LC08	LC09	LC10
Stage 1 Planetary Gear Set	Stage 1 Ring Gear -> Stage 1 Planet 1	Misalignment (um)	-34.70	29.70	40.27	45.34	52.16	55.61	56.26	56.62	61.13
Stage 1 Planetary Gear Set	Stage 1 Ring Gear -> Stage 1 Planet 2	Misalignment (um)	-68.50	14.55	11.22	9.32	6.91	6.72	-7.23	-7.56	-11.91
Stage 1 Planetary Gear Set	Stage 1 Ring Gear -> Stage 1 Planet 3	Misalignment (um)	-68.50	14.55	11.22	9.32	6.91	6.72	-7.23	-7.56	-11.91
Stage 1 Planetary Gear Set	Stage 1 Sun Gear -> Stage 1 Planet 1	Misalignment (um)	-13.78	59.02	50.55	44.94	38.79	32.58	31.78	31.34	27.28
Stage 1 Planetary Gear Set	Stage 1 Sun Gear -> Stage 1 Planet 2	Misalignment (um)	27.36	-27.93	-51.46	-65.20	-84.25	-94.29	-96.16	-97.22	-110.58
Stage 1 Planetary Gear Set	Stage 1 Sun Gear -> Stage 1 Planet 3	Misalignment (um)	49.14	-158.05	-186.46	-202.53	-221.96	-232.17	-234.08	-235.16	-248.77
Stage 2 Planetary Gear Set	Stage 2 Ring Gear -> Stage 2 Planet 1	Misalignment (um)	-154.82	68.56	78.02	85.70	94.96	99.11	99.85	100.27	105.63
Stage 2 Planetary Gear Set	Stage 2 Ring Gear -> Stage 2 Planet 2	Misalignment (um)	2.84	176.49	198.97	205.92	213.50	217.24	217.96	218.37	223.55
Stage 2 Planetary Gear Set	Stage 2 Ring Gear -> Stage 2 Planet 3	Misalignment (um)	-57.80	-58.19	-54.29	-48.84	-41.90	-38.82	-38.25	-37.94	-33.82
Stage 2 Planetary Gear Set	Stage 2 Sun Gear -> Stage 2 Planet 1	Misalignment (um)	-23.04	36.68	40.15	37.06	32.83	31.05	30.71	30.54	28.04
Stage 2 Planetary Gear Set	Stage 2 Sun Gear -> Stage 2 Planet 2	Misalignment (um)	82.61	-32.62	-60.63	-72.05	-84.46	-90.41	-91.51	-92.14	-99.91
Stage 2 Planetary Gear Set	Stage 2 Sun Gear -> Stage 2 Planet 3	Misalignment (um)	152.08	-190.74	-200.17	-204.81	-210.62	-213.14	-213.60	-213.86	-217.26
Stage 3 Helical Gear Set	Stage 3 Output Gear -> Stage 3 Input Gear	Misalignment (um)	-49.04	-26.41	-47.83	-51.55	-55.31	-57.12	-57.45	-57.63	-59.90

图 6-138

LDD: Gear Mesh Misalignment Summary

Gear set	Mesh	Measurement	LC01	LC02	LC03	LC04	LC05	LC06	LC07	LC08	LC09	LC10
Stage 1 Planetary Gear Set	Stage 1 Ring Gear -> Stage 1 Planet 1	Misalignment (um)	-26.91	32.77	45.43	50.70	60.17	73.43	80.37	81.66	82.39	91.63
Stage 1 Planetary Gear Set	Stage 1 Ring Gear -> Stage 1 Planet 2	Misalignment (um)	-60.76	17.60	20.69	21.57	22.79	24.08	24.60	24.68	24.73	25.66
Stage 1 Planetary Gear Set	Stage 1 Ring Gear -> Stage 1 Planet 3	Misalignment (um)	-60.94	17.54	20.53	21.36	22.50	23.66	24.11	24.19	24.23	25.21
Stage 1 Planetary Gear Set	Stage 1 Sun Gear -> Stage 1 Planet 1	Misalignment (um)	-6.31	61.88	61.09	60.17	58.71	56.62	55.67	55.49	55.39	54.18
Stage 1 Planetary Gear Set	Stage 1 Sun Gear -> Stage 1 Planet 2	Misalignment (um)	35.44	-24.94	-36.20	-41.44	-51.09	-64.13	-70.92	-72.18	-72.90	-81.87
Stage 1 Planetary Gear Set	Stage 1 Sun Gear -> Stage 1 Planet 3	Misalignment (um)	57.11	-155.20	-172.99	-178.70	-188.85	-202.08	-209.06	-210.37	-211.10	-220.35
Stage 2 Planetary Gear Set	Stage 2 Ring Gear -> Stage 2 Planet 1	Misalignment (um)	-152.89	89.14	75.49	80.45	88.48	100.66	105.85	106.79	107.43	114.20
Stage 2 Planetary Gear Set	Stage 2 Ring Gear -> Stage 2 Planet 2	Misalignment (um)	5.36	177.88	196.04	203.12	211.51	221.21	226.13	227.08	227.61	234.36
Stage 2 Planetary Gear Set	Stage 2 Ring Gear -> Stage 2 Planet 3	Misalignment (um)	-55.40	-57.27	-54.73	-50.92	-44.11	-35.19	-31.04	-30.27	-29.85	-24.19
Stage 2 Planetary Gear Set	Stage 2 Sun Gear -> Stage 2 Planet 1	Misalignment (um)	-20.87	37.51	43.10	42.21	40.28	37.77	36.92	36.77	36.69	35.55
Stage 2 Planetary Gear Set	Stage 2 Sun Gear -> Stage 2 Planet 2	Misalignment (um)	85.22	-31.03	-49.20	-55.42	-65.34	-75.66	-80.45	-81.33	-81.84	-88.11
Stage 2 Planetary Gear Set	Stage 2 Sun Gear -> Stage 2 Planet 3	Misalignment (um)	155.09	-190.36	-196.46	-198.54	-202.13	-205.34	-208.01	-208.30	-208.46	-210.60
Stage 3 Helical Gear Set	Stage 3 Output Gear -> Stage 3 Input Gear	Misalignment (um)	-49.04	-26.70	-45.31	-48.02	-51.71	-55.45	-57.26	-57.59	-57.77	-60.04

图 6-139

6.4 创建齿轮箱部件

6.4.1 创建 Middle Housing 的 FE 模型

- 打开模型【2MW-WTG-Stage-5. ssd】。
- 双击主设计窗口【2MW WTG】激活齿轮箱工作表，在主窗口菜单栏中选择【Components】（部件）→【Add New Assembly/Component...】（添加新装配件/部件）命令。
- 在弹出的对话框中选择【Assembly】（装配件）选项，下拉菜单中选择【Stiffness Component Assembly】（刚度部件装配），在【Part Owned by Assembly】（零件所属装配件）的下拉菜单中选择【2MW WTG】。
- 激活【Housing-Middle Assembly】（箱体-中箱体装配）工作表，从主窗口中选择【Properties】（属性）→【Change to FE Shaft】（转换为 FE 轴）命令，如图 6-140 所示。

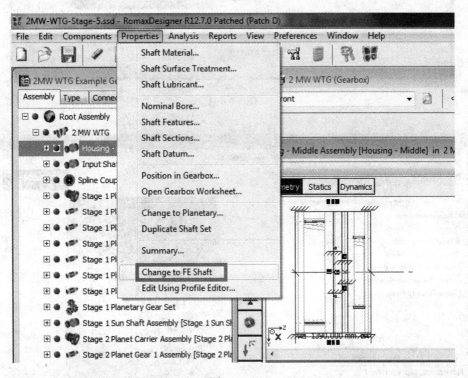

图 6-140

- 在弹出的对话框（见图 6-141）中设置网格参数，点击【Mesh】（网格）进行网格划分。
- 划分完成后，如图 6-142 所示。
- 点击【OK】确认后，可发现【Housing-Middle Assembly】（箱体-中箱体装配）的图标已转换为 ，其装配件工作表如图 6-143 所示。

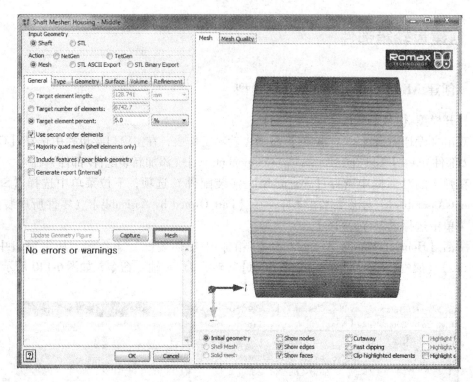

图　6-141

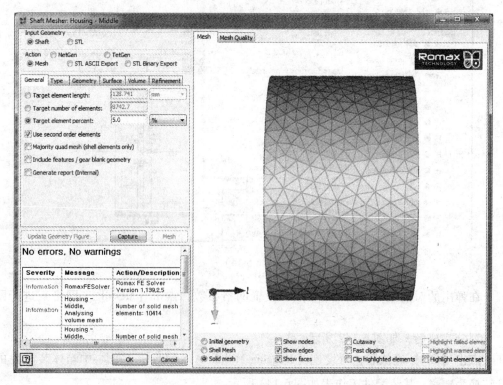

图　6-142

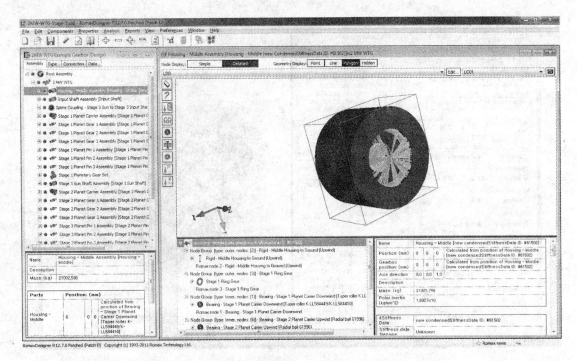

图　6-143

● 从主窗口中选择【Properties】（属性）→【Edit Node Connections】（编辑节点连接）命令，进行有限元部件与其他相应部件的节点连接，软件会自动提示目前未连接成功的相应节点，如图 6-144 所示。

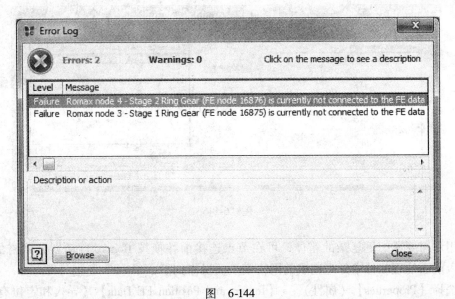

图　6-144

● 点击【Close】（关闭）进入节点连接对话框，如图 6-145 所示。通过连接设置搜索相应的节点，成功连接有限元部件和其他相应部件。

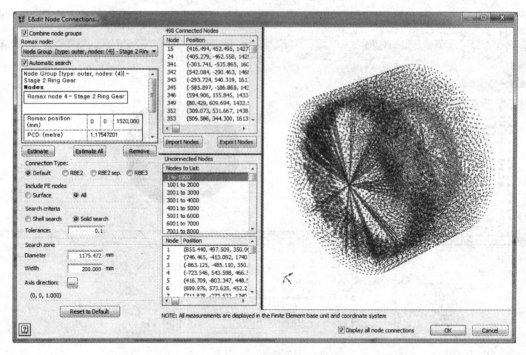

图　6-145

● 节点连接完成后，对 FE 模型进行缩聚。选择【Analysis】（分析）→【Condense FE model】（缩聚有限元模型）命令，在弹出的图 6-146 所示对话框中点击【OK】按钮，开始进行矩阵浓缩。浓缩完成后就可以考虑该部件的柔性进行系统分析。

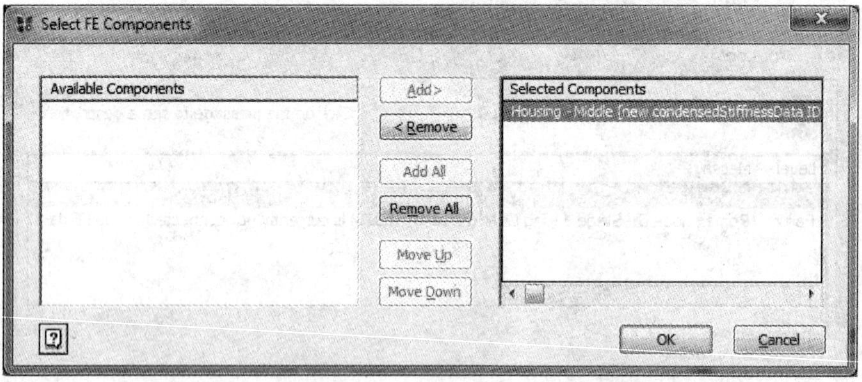

图　6-146

若用户需要考虑更复杂的箱体，可在节点连接前替换掉 Romax 自动划分网格的 FE 部件，导入前面处理软件中处理完成的网格模型。操作如下：

● 选择【Properties】（属性）→【Import and Position FE Data】（导入和定位有限元数据）命令，弹出图 6-147 所示的对话框。

● 选择 FE Data（有限元数据）【housing-middle】（箱体-中），点击【Open】（打开）按钮。

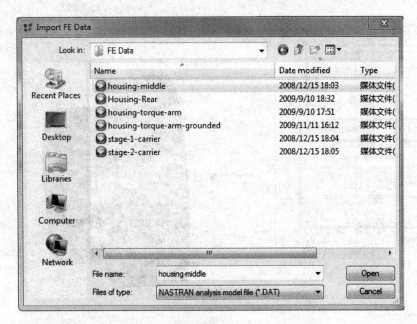

图　6-147

● 选择 FE Unit（有限元单元）的单位 MPA（mm，N，tonnes），点击【OK】按钮，如图 6-148 所示。

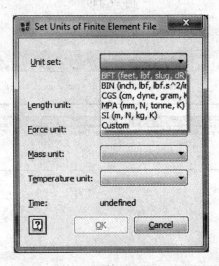

图　6-148

● 导入的 FE 模型，可能因三维模型建立时坐标与 Romax 该部件的坐标不一致，需检查模型。若有需要，需重新定位 FE Data（有限元数据），如图 6-149 所示。

● 从主窗口中选择【Properties】（属性）→【Edit Node Connections】（编辑节点连接）命令，进行有限元部件与其他相应部件的节点连接，软件会自动提示目前未连接成功的相应节点，如图 6-150 所示。

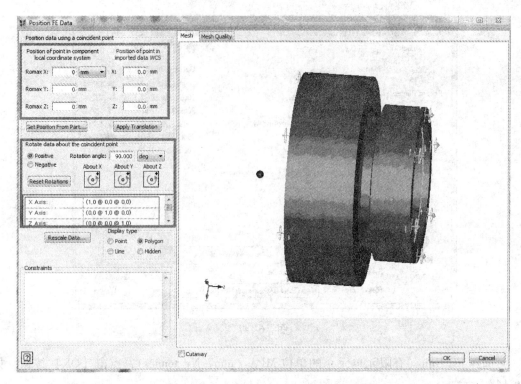

图 6-149

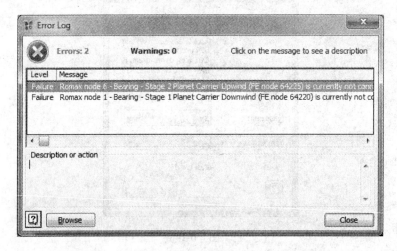

图 6-150

● 点击【Close】（关闭）进入节点连接对话框，如图 6-151 所示。通过连接设置搜索相应的节点，成功连接有限元部件和其他相应部件。

● 节点连接完成后，对 FE 模型进行缩聚。选择【Analysis】（分析）→【Condense FE model】（缩聚有限元模型）命令，在弹出的图 6-152 所示的对话框中点击【OK】按钮，开始进行矩阵浓缩。浓缩完成后就可以考虑该部件的柔性进行系统分析。

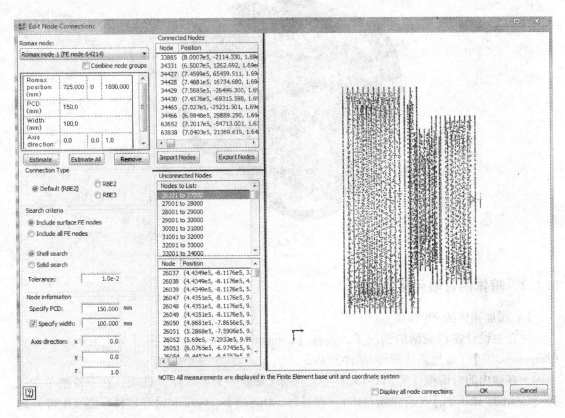

图 6-151

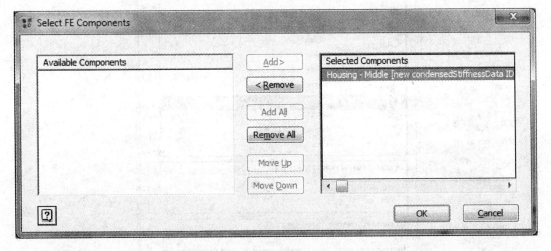

图 6-152

有限元化后中间箱体如图 6-153 所示。

图　6-153

6.4.2　箱体的有限元化

1）添加箱体的 FE 模型。

• 在主设计窗口激活的情况下，选择【Components】（部件）→【Add New Assembly/ Component...】（添加新装配件/部件）命令。

• 在弹出的对话框（见图6-154）中，选择 Component（部件）选项，在下拉菜单中选择【Gearbox Housing】（齿轮箱箱体），在【Part Owned by Assembly】（零件所属装配件）的

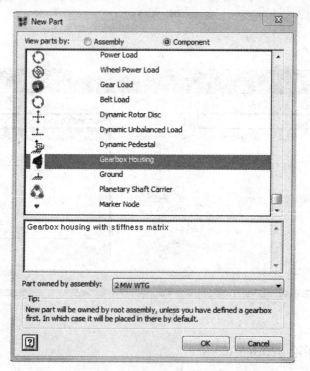

图　6-154

下拉菜单中选择【2MW WTG】，点击【OK】按钮。

- 在弹出的提示框（见图6-155）中点击【No】按钮。

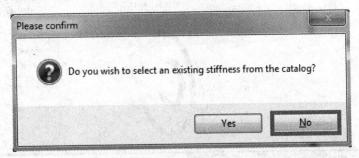

图　6-155

- 在弹出的图6-156中选择与箱体有连接关系的【Bearing-Stage 1 Planet Carrier Upwind】（轴承-上风向一级行星架）和【Rigid connection（Rigid-Middle Housing to Ground Upwind）】（刚性连接-中齿圈至下风向地面），将其添加到右侧，点击【OK】按钮。

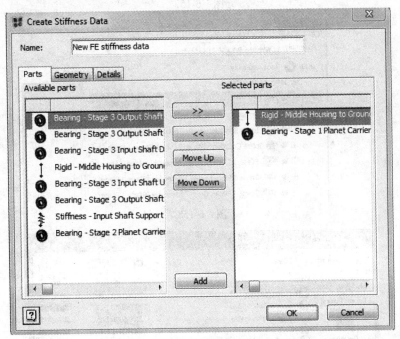

图　6-156

- 【Gearbox Housing（New FE Stiffness data）】【齿轮箱箱体（新有限元刚度数据）】窗口自动打开，如图6-157所示。
- 至此，【Gearbox Housing】（齿轮箱箱体）图标出现在设计窗口的部件列表中，如图6-158所示。

2）导入前面处理软件处理后的FE数据，用同样方法进行导入的FE部件在Romax齿轮箱的定位、节点连接及矩阵浓缩，如图6-159～图6-161所示。

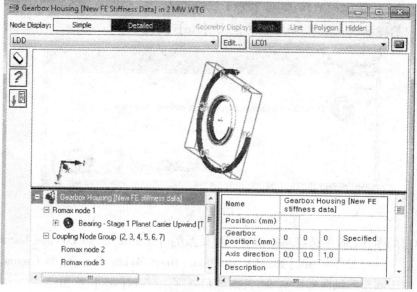

图　6-157

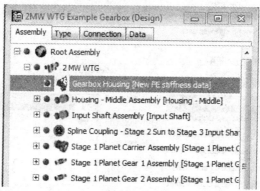

图　6-158

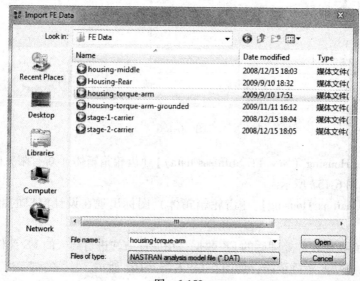

图　6-159

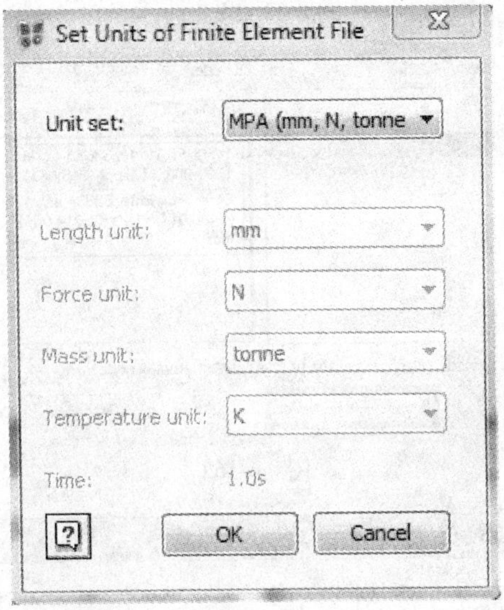

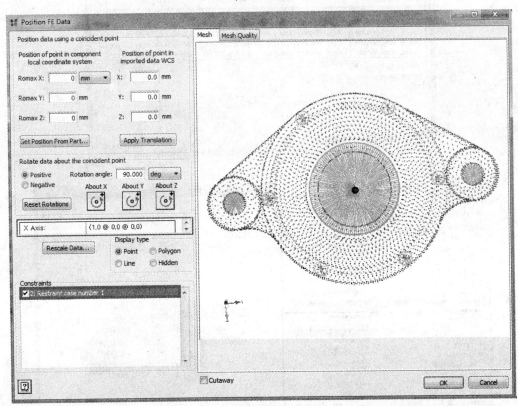

图　6-160

图　6-161

注意：若该部件在实际中有约束条件，且该约束条件在前处理软件中已定义完毕，则在定位的时候一定要把约束条件勾选上，此后的矩阵浓缩和分析该约束条件会自动考虑进去。

若导入的 FE 数据节点有冲突，会出现如图 6-162 所示的对话框，此时选择【Create New FE Nodes】（创建新有限元节点）创建新节点，弹出图 6-163 所示对话框。稍后在 Romax 中正常地进行节点的连接，如图 6-164 ~ 图 6-165 所示。

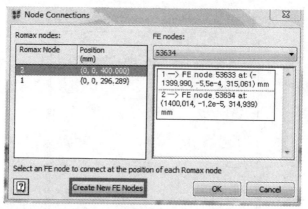

图　6-162

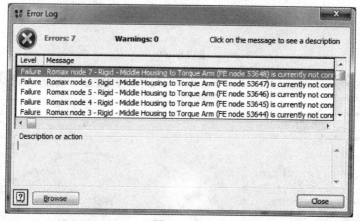

图　6-163

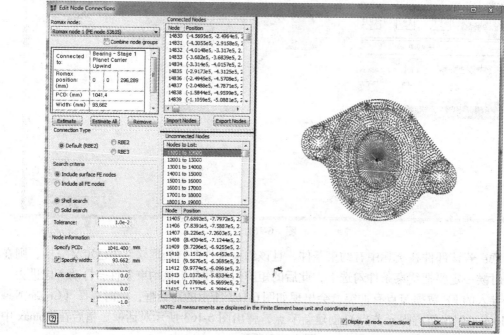

图　6-164

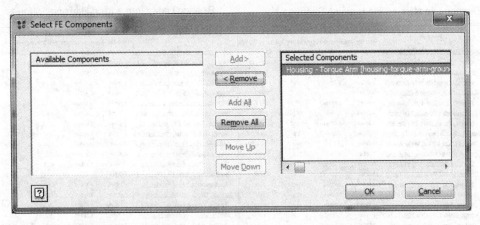

图　6-165

操作结束后 Housing（箱体）图标由 ![icon] 转化为 ![icon]。重复上述操作，将后箱盖的 FE 添加入模型内。完成后，模型如图 6-166 所示。

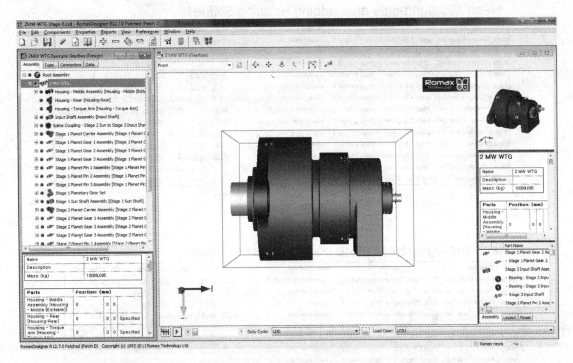

图　6-166

3）运行载荷谱分析。在上述模型的基础上进行载荷谱分析，或者打开 Romax 模型【2MW-WTG-Stage-6. ssd】，该模型的箱体已完全转化成有限元件。运行载荷谱分析，对比箱体在有限元化前、后轴承和齿轮的分析结果，如图 6-167 ~ 图 6-169 所示。

Bearing Life after adding Housing Stiffness

Bearings	Modified life (hrs)		Modified damage (%)	
	ISO 281	Adjusted ISO 281	ISO 281	Adjusted ISO 281
Bearing - Stage 1 Planet Carrier Downwind	2.12e17	2.114e17	8.256e-11	8.278e-11
Bearing - Stage 1 Planet Carrier Upwind	2.751e17	1.213e17	6.363e-11	1.443e-10
Bearing - Stage 1 Planet Pin 1 Downwind	5.122e4	2.708e4	341.7	646.2
Bearing - Stage 1 Planet Pin 1 Upwind	4.925e4	2.701e4	385.3	647.9
Bearing - Stage 1 Planet Pin 2 Downwind	4.033e4	2.4e4	433.9	729.2
Bearing - Stage 1 Planet Pin 2 Upwind	6.539e4	2.473e4	267.6	707.7
Bearing - Stage 1 Planet Pin 3 Downwind	4.033e4	2.4e4	433.9	729.2
Bearing - Stage 1 Planet Pin 3 Upwind	6.539e4	2.473e4	267.6	707.7
Bearing - Stage 2 Planet Carrier Downwind	2.228e6	3.91e6	7.9	44.8
Bearing - Stage 2 Planet Carrier Upwind	9.609e8	1.91e6	1.621e-2	9.163e-2
Bearing - Stage 2 Planet Pin 1 Downwind	2.398e5	1.23e5	73.0	142.3
Bearing - Stage 2 Planet Pin 1 Upwind	2.374e5	1.229e6	73.7	142.4
Bearing - Stage 2 Planet Pin 2 Downwind	1.421e5	7.486e4	123.2	233.8
Bearing - Stage 2 Planet Pin 2 Upwind	1.409e5	7.462e4	124.2	233.9
Bearing - Stage 2 Planet Pin 3 Downwind	2.414e5	1.237e6	72.6	141.5
Bearing - Stage 2 Planet Pin 3 Upwind	2.388e5	1.236e5	73.3	141.6
Bearing - Stage 3 Input Shaft Downwind	1.518e7	1.261e7	1.2	1.4
Bearing - Stage 3 Input Shaft Upwind	2.721e6	1.087e6	6.4	16.1
Bearing - Stage 3 Output Shaft Downwind Ball	3.291e5	3.291e5	54.7	54.7
Bearing - Stage 3 Output Shaft Downwind Cyl	1.441e6	9.637e5	12.1	18.2
Bearing - Stage 3 Output Shaft Upwind	2.283e6	1.494e6	7.7	11.7

Bearing Life before adding Housing Stiffness

Bearings	Modified life (hrs)		Modified damage (%)	
	ISO 281	Adjusted ISO 281	ISO 281	Adjusted ISO 281
Bearing - Stage 1 Planet Carrier Downwind	6.286e18	6.287e18	2.784e-12	2.784e-12
Bearing - Stage 1 Planet Carrier Upwind	9.468e19	9.473e19	0	0
Bearing - Stage 1 Planet Pin 1 Downwind	5.113e4	2.692e4	342.3	650.1
Bearing - Stage 1 Planet Pin 1 Upwind	4.918e4	2.687e4	385.9	651.3
Bearing - Stage 1 Planet Pin 2 Downwind	4.031e4	2.403e4	434.2	728.3
Bearing - Stage 1 Planet Pin 2 Upwind	6.524e4	2.448e4	268.3	714.8
Bearing - Stage 1 Planet Pin 3 Downwind	4.031e4	2.403e4	434.2	728.3
Bearing - Stage 1 Planet Pin 3 Upwind	6.524e4	2.448e4	268.3	714.9
Bearing - Stage 2 Planet Carrier Downwind	2.189e6	3.862e6	8.0	45.3
Bearing - Stage 2 Planet Carrier Upwind	8.64e8	1.742e6	2.026e-2	0.1004
Bearing - Stage 2 Planet Pin 1 Downwind	2.415e5	1.239e6	72.5	141.3
Bearing - Stage 2 Planet Pin 1 Upwind	2.39e5	1.238e5	73.2	141.4
Bearing - Stage 2 Planet Pin 2 Downwind	1.409e5	7.433e4	124.2	235.5
Bearing - Stage 2 Planet Pin 2 Upwind	1.398e5	7.429e4	125.2	235.9
Bearing - Stage 2 Planet Pin 3 Downwind	2.411e5	1.236e5	72.6	141.6
Bearing - Stage 2 Planet Pin 3 Upwind	2.385e5	1.236e5	73.4	141.7
Bearing - Stage 3 Input Shaft Downwind	1.5e7	1.273e7	1.2	1.4
Bearing - Stage 3 Input Shaft Upwind	2.891e6	1.151e6	6.1	15.2
Bearing - Stage 3 Output Shaft Downwind Ball	4.806e4	4.573e4	379.9	382.7
Bearing - Stage 3 Output Shaft Downwind Cyl	3.333e7	1.915e7	0.525	0.9139
Bearing - Stage 3 Output Shaft Upwind	2.179e6	1.43e6	8.0	12.2

图　6-167

Mesh Misalignments after adding Housing Stiffness

Gear set	Mesh	Measurement	LC01	LC02	LC03	LC04	LC05	LC06	LC07	LC08	LC09	LC10
Stage 1 Planetary Gear Set	Stage 1 Ring Gear -> Stage 1 Planet 1	Misalignment (um)	-26.79	32.68	47.64	53.83	64.14	79.05	86.86	90.32	88.15	29.57
Stage 1 Planetary Gear Set	Stage 1 Ring Gear -> Stage 1 Planet 2	Misalignment (um)	-60.79	17.68	20.87	21.96	22.78	24.61	24.61	24.75	25.33	
Stage 1 Planetary Gear Set	Stage 1 Ring Gear -> Stage 1 Planet 3	Misalignment (um)	-60.74	17.79	21.13	22.15	23.66	25.34	26.09	28.22	26.29	27.16
Stage 1 Planetary Gear Set	Stage 1 Sun Gear -> Stage 1 Planet 1	Misalignment (um)	-5.61	61.31	60.65	56.69	56.20	56.15	56.21	55.04	54.54	53.74
Stage 1 Planetary Gear Set	Stage 1 Sun Gear -> Stage 1 Planet 2	Misalignment (um)	35.20	-24.90	-38.10	-41.28	-51.27	-64.83	-71.56	-72.88	-73.61	-82.60
Stage 1 Planetary Gear Set	Stage 1 Sun Gear -> Stage 1 Planet 3	Misalignment (um)	56.96	-152.63	-172.47	-178.05	-187.61	-200.13	-207.22	-208.47	-209.17	-218.04
Stage 2 Planetary Gear Set	Stage 2 Ring Gear -> Stage 2 Planet 1	Misalignment (um)	-152.08	69.58	74.74	79.73	89.21	103.87	106.31	107.31	107.87	115.12
Stage 2 Planetary Gear Set	Stage 2 Ring Gear -> Stage 2 Planet 2	Misalignment (um)	5.49	177.30	200.19	205.69	214.56	225.00	230.33	231.51	231.82	239.20
Stage 2 Planetary Gear Set	Stage 2 Ring Gear -> Stage 2 Planet 3	Misalignment (um)	-66.13	-50.65	-54.47	-50.51	-41.68	-34.04	-30.42	-29.63	-29.20	-23.42
Stage 2 Planetary Gear Set	Stage 2 Sun Gear -> Stage 2 Planet 1	Misalignment (um)	-20.80	37.07	42.38	41.30	39.45	37.03	35.21	36.07	35.99	34.88
Stage 2 Planetary Gear Set	Stage 2 Sun Gear -> Stage 2 Planet 2	Misalignment (um)	85.60	-21.05	-65.86	-51.51	-60.96	-70.69	-75.18	-76.02	-76.49	-82.38
Stage 2 Planetary Gear Set	Stage 2 Sun Gear -> Stage 2 Planet 3	Misalignment (um)	154.43	-186.81	-186.85	-201.90	-205.30	-210.80	-211.91	-212.24	-212.43	-214.86
Stage 3 Helical Gear Set	Stage 3 Output Gear -> Stage 3 Input Gear	Misalignment (um)	-42.34	-24.81	-41.71	-43.75	-46.83	-49.32	-50.63	-50.86	-50.99	-52.57

图　6-168

Mesh Misalignments before adding Housing Stiffness

Gear set	Mesh	Measurement	LC01	LC02	LC03	LC04	LC05	LC06	LC07	LC08	LC09	LC10
Stage 1 Planetary Gear Set	Stage 1 Ring Gear -> Stage 1 Planet 1	Misalignment (um)	-28.91	32.77	45.43	50.79	60.17	73.43	80.37	81.66	82.39	91.63
Stage 1 Planetary Gear Set	Stage 1 Ring Gear -> Stage 1 Planet 2	Misalignment (um)	-60.76	17.60	20.66	22.79	24.68	24.68	24.66	24.73	25.06	
Stage 1 Planetary Gear Set	Stage 1 Ring Gear -> Stage 1 Planet 3	Misalignment (um)	-60.66	17.54	20.53	24.36	22.60	24.11	24.19	24.53	25.23	
Stage 1 Planetary Gear Set	Stage 1 Sun Gear -> Stage 1 Planet 1	Misalignment (um)	-6.31	61.86	61.09	69.17	56.71	56.62	55.87	55.49	55.39	54.19
Stage 1 Planetary Gear Set	Stage 1 Sun Gear -> Stage 1 Planet 2	Misalignment (um)	35.44	-24.94	-38.20	-41.44	-51.09	-64.13	-70.92	-72.18	-72.90	-81.87
Stage 1 Planetary Gear Set	Stage 1 Sun Gear -> Stage 1 Planet 3	Misalignment (um)	57.11	-155.29	-172.99	-178.70	-185.85	-202.08	-206.06	-210.37	-211.10	-220.36
Stage 2 Planetary Gear Set	Stage 2 Ring Gear -> Stage 2 Planet 1	Misalignment (um)	-157.89	69.14	73.40	80.45	89.48	100.80	105.86	106.70	107.33	114.20
Stage 2 Planetary Gear Set	Stage 2 Ring Gear -> Stage 2 Planet 2	Misalignment (um)	5.38	177.95	198.94	203.12	211.51	221.21	226.13	228.13	227.61	234.36
Stage 2 Planetary Gear Set	Stage 2 Ring Gear -> Stage 2 Planet 3	Misalignment (um)	-65.40	-57.27	-54.73	-50.92	-44.11	-35.49	-31.24	-30.27	-29.85	-24.19
Stage 2 Planetary Gear Set	Stage 2 Sun Gear -> Stage 2 Planet 1	Misalignment (um)	-20.87	37.51	43.10	42.21	40.28	37.77	36.02	36.77	36.69	35.55
Stage 2 Planetary Gear Set	Stage 2 Sun Gear -> Stage 2 Planet 2	Misalignment (um)	85.22	-21.69	-49.20	-55.42	-65.34	-75.86	-80.45	-81.33	-81.84	-88.11
Stage 2 Planetary Gear Set	Stage 2 Sun Gear -> Stage 2 Planet 3	Misalignment (um)	155.99	-190.36	-196.46	-198.54	-202.13	-208.24	-209.01	-208.48	-208.46	-210.60
Stage 3 Helical Gear Set	Stage 3 Output Gear -> Stage 3 Input Gear	Misalignment (um)	-49.04	-26.70	-45.31	-48.92	-51.71	-55.45	-57.26	-57.59	-57.77	-60.04

图　6-169

附录　软件操作的快捷键

快捷键	功能	快捷键	功能
Ctrl + N	新建文件	Ctrl + O	打开文件
Ctrl + S	保存文件	Ctrl + Delete	删除当前部件或特征
Alt + Insert	复制部件当前部件或特征	Alt + M	修改当前部件或特征
Ctrl + T	轴上新添轴肩	Ctrl + E	轴上新添轴段
Ctrl + M	轴上新添不平衡磁场	Ctrl + G	轴上新添齿轮
Alt + C	查看整个工况参数	Alt + E	查看当前工况参数
Alt + B	轴承预紧工具	Alt + O	轴段优化
Alt + S	静态分析	Shift + R	刷新部件
F1	当前页面帮助文档		